GENERATIVE ART

INTRODUCTION TO GRAPHICS PROGRAMMING WITH PROCESSING

生成艺术

Processing视觉创意入门

华　好◎著　刘晨晰◎绘

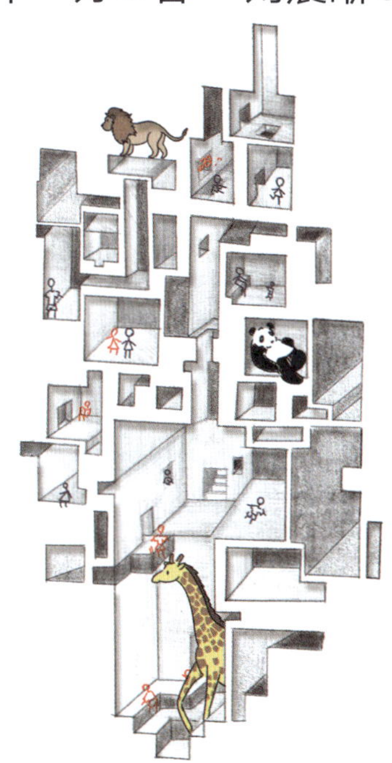

電子工業出版社
Publishing House of Electronics Industry
北京 · BEIJING

内 容 简 介

本书手把手地教读者利用 Processing 工具编程，并进行生成艺术的创作。本书分为两个部分，共 8 章。基础部分介绍了 Java 语言的基础知识、Processing 的绘图方法及各种常见技巧；进阶部分重点介绍了几何向量、吸引子、离散动态系统、迭代分形 4 个专题，深入浅出地展示了数字化艺术的奥妙。本书代码资料包可在“华信教育资源网”下载。

本书适用于零基础的读者自学编程，可作为生成艺术爱好者的参考书，也可作为非计算机专业教材使用。

图书在版编目（CIP）数据

生成艺术：Processing 视觉创意入门 / 华好著；刘晨晰绘. —北京：电子工业出版社，2021.8

ISBN 978-7-121-41711-5

Ⅰ. ①生… Ⅱ. ①华… ②刘… Ⅲ. ①程序设计 Ⅳ. ①TP311.1

中国版本图书馆 CIP 数据核字（2021）第 153755 号

责任编辑：刘小琳
印　　刷：中国电影出版社印刷厂
装　　订：中国电影出版社印刷厂
出版发行：电子工业出版社
　　　　　北京市海淀区万寿路 173 信箱　　邮编：100036
开　　本：720×1 000　1/16　印张：12.75　　字数：236 千字
版　　次：2021 年 8 月第 1 版
印　　次：2024 年 6 月第 6 次印刷
定　　价：98.00 元

凡所购买电子工业出版社图书有缺损问题，请向购买书店调换。若书店售缺，请与本社发行部联系，联系及邮购电话：（010）88254888，88258888。

质量投诉请发邮件至 zlts@phei.com.cn，盗版侵权举报请发邮件至 dbqq@phei.com.cn。

本书咨询联系方式：liuxl@phei.com.cn，（010）88254538。

写在前面

这本书是为小朋友编写的，如果你不幸错过了这个年纪也不要气馁，因为我也是大学毕业才开始接触 Processing 编程的，本书也适合零基础的读者学习。这个时代发展太快，每 5～10 年就会发生软件技术与思想的变革，但我相信用代码来实践美学的这个新潮流不会退去。尝试用寥寥几行代码来生成无限变化的画面，是一件可以消磨一整个下午的趣事。看完这本书之后，你或将洞见大自然的数理奥秘，成为一个爱写代码的设计师。

这是一个美好的时代，因为我们可以很方便地获取古今中外人类的知识宝藏；这又是一个充满挑战的时代，因为我们在有限的时间内只能窥探知识宝藏的零散片段，很难体会其中隐含的精妙乐趣。例如，你在人生的 4 个阶段可能接触 4 种看似无关的知识：小学数学中的直角三角形、初中物理中斜面上力的分解；大学数学中的线性代数与向量几何；群论表示的经典力学。如果你偶然发现它们其实都在说一件事情，你可能会豁然开朗，开始领悟这些知识宝藏中的奥妙。生成艺术通过计算机编程来处理逻辑、数学、物理等问题，可以帮助我们发现知识点之间的潜在联系。本书的一个愿望，或者说是生成艺术的一个愿望，就是让大家做一做“大脑体操”，从原本分散的知识点中发现引人入胜的线索。

人们对美术的理解差别很大，不过大家似乎懒得把自己的观点拿出来辩一辩。我们会在博物馆看到工艺大师的刺绣名画精美绝伦；在景区路边看到艺人的素描人像惟妙惟肖；在风光摄影作品上看到艺术家的诗意境悠远。这些美术形式都值得我们讨论，但我觉得最重要的还是大人（自觉或不自觉地）灌输给小朋友的美术理念。达芬奇小时候反复练习画鸡蛋，这个故事的中心思想是：要持之以恒、精益求精；要画得像！我想这就是传统的美术理念吧。本书很少谈及美术思想，而是让读者体会用代码绘图的乐趣，使读者自然而然地形成自己的品味和素养。

美术和编程，在人们以往的印象中是互不相干的两件事。不管是在中小学还是在大学，文科、理科、艺术都是分开教学的。美术课往往注重技艺的培养，看重结果的呈现，很少触及灵魂的拷问：绘画是为了表现眼前所见，还是为了表达内心世界？美有没有科学规律可循？最近的十几年，生成艺术（generative art）的出现让代码与图形之间的关系空前紧密，人们能够直观地看到数理逻辑与美术作品的关联；而语法结构、随机过程、动态系统、复分析等科学领域为生成艺术提供了广阔的游戏场地，不断衍生出令人惊异的精彩作品。

每个接触过生成艺术的人或许都对它有不同的理解。程序员往往认为生成艺术只不过是用代码来“写”图形；艺术家则倾向于把它看成一种新媒体艺术；也有科学家认为它可以建构自然现象。我们不妨提出两类问题：①基于某种计算机编程语言，如何高效地通过编写代码来生成图像？②在自然科学的视角下，计算机程序究竟能干什么，不能干什么？对于计算机程序能够生成复杂现象这件事，苏黎世联邦理工学院的 Ludger Hovestadt 教授曾比喻：计算机程序向大自然（nature）喊话，大自然的回音使程序运行的结果呈现出大自然的复杂性。著名的例子有朱利亚集、de Jong 吸引子、生命游戏等，它们的共同特点是代码很短，但可以生成无限复杂的细节。

如今，Processing 等工具让生成艺术变得十分容易上手，但二维或三维图形的编程工具并不局限于 Processing。20 世纪 60 年代的 Sketchpad 系统就考虑了图形在计算机上的输入和输出。我最早用 AutoCAD 的 LISP 语言来制作几何图形；之后，Flash 开始流行，大家发现它内置的 ActionScript 脚本语言直观又好用；后来，基于 Java 语言的 Processing 以干净的代码风格和流畅的运行效果逐渐成为生成艺术的首选工具；此外还有基于 C++的 openFrameworks、基于 Javascript 的 p5.js 等；最近几年，实时数据获取、开源互动社区等新思潮日益凸显，涌现出了 Observable 等新平台。

虽然编程工具不断变迁，但生成艺术的基本原理如同自然科学一样经久不衰，如笛卡儿坐标系、逻辑运算、颜色理论等。生成艺术可以帮助人们推敲美术中的一些感觉问题。例如，与蓝色相反的颜色是什么？你可能一时陷入沉思。在红绿蓝三原色的理论下，(0, 0, 255)表示蓝色，即蓝色成分是满格，红与绿的成分为0。那么“相反”的概念用数学方法表示为：(255, 255, 255)−(0, 0, 255) = (255, 255, 0)。计算结果中只有满格的红色与绿色成分，即黄色。也许你觉得橙色才与蓝色相反，这就引出了一系列问题：每个人的感受是否有差异？主观感觉与颜色科学哪个更可靠？不难看出，我们在谈论生成艺术时，往往不是在讲编程，而是在讨论美术和人。

不可否认的是，生成艺术的技术、方法、价值观与之前的所有美术形式都截然不同。例如，程序生成的动画可以是永不重复的，这与循环播放一段动画的情形完全不同。我们倾向于用尽量短的代码来生成尽量复杂的画面，这种“洁癖”类似物理学家追求用最简洁的数学模型表达复杂的理论。同时，有人尝试用代码生成不可预知的效果，这与传统的美术理念大相径庭。此外，很多人喜欢“抄袭”别人的作品，并将其改写成自己的版本，这个操作称为fork（分支）。很多人还不太习惯这种开源的思维，但未来的生成艺术会越来越多地在这种共享文化中成长。

我所在的东南大学建筑学院是融合“设计—编程”的前驱。原南京工学院（即现在的东南大学）卫兆骥老师早在20世纪80年代，就在Apple II、IBM PC上进行了建筑设计的自动化编程，自主研发了CAD系统；20多年后，李飚老师在原有CAD实验室的基础上建立了建筑运算与应用研究所，把复杂系统科学、建筑设计、计算机算法结合起来，逐渐形成“生成设计”学科。近年来，东南大学建筑学院为了让低年级学生尽早接触“设计—编码”思想，每年举行“生成艺术”工作营。学生们释放出空前的创造力，创造了不少精彩的作品，其中一小部分作品也呈现在本书中。

如果没有卫兆骥、李飚、Ludger Hovestadt等领路人的超前探索，东南大学或许就不会率先在建筑学院开设“生成艺术”实验课程。现在我决定把生成艺术介绍给更年轻的兴趣爱好者，这就是编写本书的缘由。本书能够顺利出版，首先要感谢东南大学建筑学院对本书的大力支持。除此之外，还要感谢唐芃、顾大庆等老师的巨大努力，他们使“生成艺术”成为一项受欢迎的课题，逐渐改变了大家将技术与美术分开理解的现状；感谢所有参加“生成艺术”工作营的同学，他们的创意让人难忘；感谢运算所的研究生助教们，他们为工作营做了大量工作；刘晨晰为本书绘制了所有插画，期待以后我们能有更多合作。最后，感谢我的妻子贾亭立对我的默默支持，让我可以顺利完成本书。

华好

2021 年 6 月 28 日

基础部分

进阶部分

基础部分

画布、画笔和颜色

1.1 第一个程序

你是否曾经为画画之前要准备一大堆画笔、颜料而烦恼？一旦下载了 Processing 这个“神器”，你就立刻免去了这些麻烦，因为 Processing 开发环境已经在计算机上为你准备好了画布、画笔和所有颜色。

还可以做动画哦！

Processing 是由麻省理工学院的 Ben Fry 和 Casey Reas 为艺术家、设计师、建筑师、学生开发的图形化编程环境，它在全球掀起了一股编写创意编码的热潮。Processing 诞生于 2001 年，今年已经 20 周岁了。

Processing 是一款免费的开源软件，在 Windows 和 Mac 下运行的效果完全一致。Processing 已经有好几个版本了，但大家还是觉得 2.2 版本用起来更顺手。下载安装完成后打开 Processing，在文本编辑器内迅速输入六行神秘的代码：

```
void setup (){
  size (800, 600);
}
void draw (){
  line (400, 300, mouseX, mouseY);
}
```

注意这些字符有不同的颜色。如果有些英文单词没有变成彩色，那么可能是因为拼写错误。代码里面的标点符号是必须的，而且字母的大小写也不能搞错哦！

Processing 工具栏左侧有两个按钮酷似老式录音机上的播放键（run）和停止键（stop）。单击播放键，代码开始运行，这时有一个展示窗口（画布）弹出来，鼠标就能不断地在画布上画直线了，如图 1-1 所示。

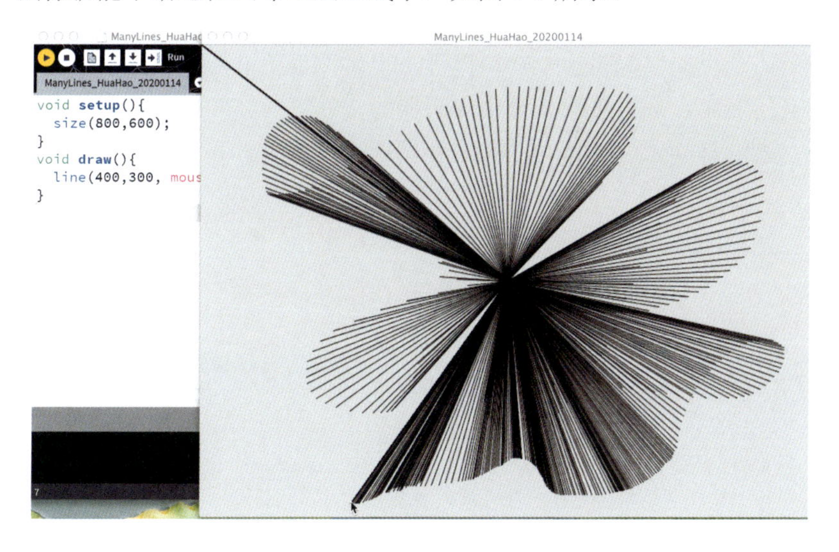

图 1-1　移动鼠标不断在画布上画直线

平复一下激动的心情，现在可以按停止键关闭程序了。单击“文件/保存”选项保存代码，给文件（.pde 格式）取一个有意义的名字吧，譬如：

ManyLines_HuaHao_20200114.pde

这个名字明确了三点：程序内容、作者姓名和创作日期（yyyymmdd）。文件的命名十分重要！想象一下你已经写了上百个程序，如果这些文件都没有一个有含义的名字，你很难找到那个你想要的文件。当你和他人分享代码时，为文件取名是一种基本的礼仪。此外，建议你在计算机里新建一个文件夹，专门存放你的程序。

回到那六行代码，我们暂且无视 void、setup、draw 这些词，只看和图形有关的代码：

```
size(800, 600); //长，宽
line(400, 300, mouseX, mouseY); //鼠标位置
```

你可以试着在代码中改变展示窗口的大小和直线起点的位置，看结果是否和你想象的一样。譬如，把画线的那行代码改成 line(0, 0, mouseX, mouseY);。你也许会惊讶地发现屏幕的原点在左上角，而一般数学书里的坐标原点在左下角，但这不影响我们理解“坐标”。假如有一只青蛙从原点起跳，坐到了草地上，我们就能标出它的位置了。

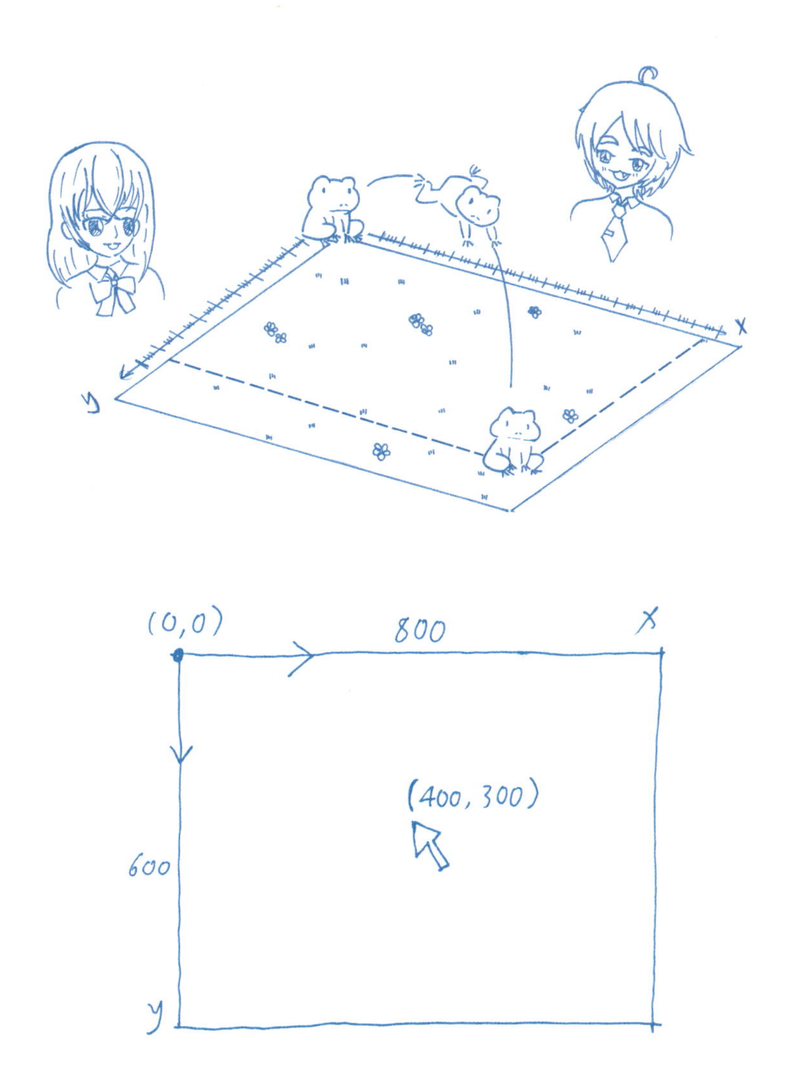

用两个数来表示一个点在平面内的位置，这是一项古老的发明，传说是 400 多年前法国的勒内·笛卡儿（René Descartes）在生病卧床时受蜘蛛网启发后发明的。笛卡儿坐标系把图形与数字或变化的数字，联系起来，并在程序中用“变量”（variable）来表示，这是所有数字化视觉艺术的基石。Processing 中的笛卡儿坐标系可以是二维或三维的，本书专注于二维坐标系中的图形艺术。

有时，你会发现程序莫名其妙地无法运行了。譬如，把 mouseX 这个关键词写成 mousex，运行程序时文本编辑器下方的消息区域（会变成深褐色）内会出现一行白色的字：

Cannot find anything name “mousex”

意思是无法找到 mousex。因为 Java 编程语言是一种严格区分字母大小写的语言，因此 mouseX 和 mousex 是截然不同的。Processing 内部已经定义了很多关键词，如 mouseX 指鼠标在显示窗口中的 *x* 坐标，这些关键字会自动变成彩色。常见的关键字还有：

width——展示窗口的宽度；

height——展示窗口的高度；

frameCount——整数，当前帧的序号。

注意代码的颜色有助于减少错误。尽量不要在代码里混入中文字符，否则容易出现一些难以发现的错误。

大部分编程语言允许无用的空行、空格夹杂在代码里，Java 编程语言也一样。在代码任意一处增加一个空行，不会对程序的运行产生任何影响。在各关键词、数字前后增加空行也没有任何问题。推荐大家经常用菜单栏的 Edit / Auto Format 命令来使代码整齐划一，去掉那些多余的空格。

为了使代码的可读性更强，我们可以用//符号添加注释。程序会忽略//后面的内容，同时这些内容会变成灰色。下面我们给第一个程序添加注释：

```
void setup(){ //在最开始时运行一次
    size (800, 600); //窗口的大小
} // setup 方法到此结束
void draw(){  //此方法每秒运行 60 次
   line (400, 300, mouseX, mouseY);
   // 画从(400, 300) 到 (mouseX, mouseY)的直线
} // draw 方法到此结束
```

1.2　画布与帧

我们的第一个程序由两个方法（method）组成：setup()方法和 draw()方法。有时人们通俗地把方法称为函数或命令。我们想让程序做事，就需要调用 Processing 自定义的方法（名字会自动变成蓝色粗体）或自己定义的方法（将在第 4 章介绍）。

现在我们在 line(400, 300, mouseX, mouseY);上面增添一行代码：

```
void draw(){
  background (255);
  line (400, 300, mouseX, mouseY);
}
```

再次按下播放键，鼠标在展示窗口内移动时的效果和之前不同了，只有一根线跟随鼠标移动。这是怎么回事呢？实际上，程序中的 draw()方法每秒会被调用 60 次左右，因此我们的程序会随着鼠标不断地画直线。而新增的 background(255)方法先把整个画布（展示窗口）刷成了白色，然后画一根直线，因此直线不会随时间叠加在画布上，如图 1-2 所示。

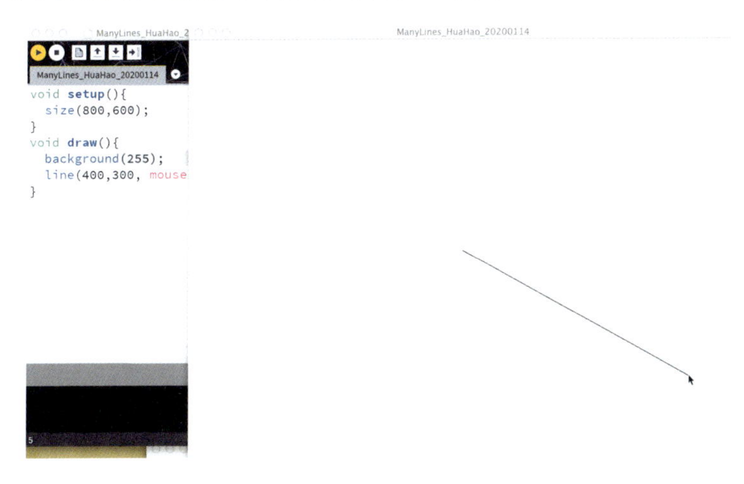

图 1-2　线段一端固定在窗口中央，另一端在鼠标位置

1.1 节的程序（线在画布上叠加）与本节的画线程序（线不叠加）代表了画

画模式和动画模式两种动态模式，除此之外，静态模式（不含 draw()方法）也很常用。开始写任何一个程序之前，首先要挑选一种模式。

画画模式（不用 background 方法）

动画模式（使用 background 方法）

Processing 程序以 setup()方法启动，然后不断运行 draw()方法。所以我们把只需要在开头运行一次的代码放到 setup()程序块里，把需要反复运行的代码放到 draw()程序块里。在每个程序块内部，代码会逐行依次运行。

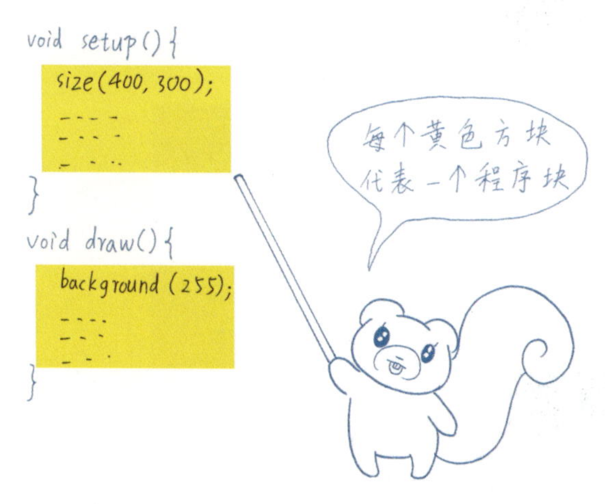

以前美国有个做铁路生意发家的富豪，他和人打赌说马奔跑的某个瞬间四只蹄子都不着地。马跑得太快，人眼无法分辨，于是他花钱聘了一位摄影师

（Eadweard Muybridge）来拍摄马飞奔过程中的所有瞬间。这个摄影师花了好几年才成功，他的胶片放映机每秒会依次投射 24 张左右的胶片而人眼感受到的是马飞奔的连贯动作。每张胶片称为一帧（frame），其中的某一帧显示：马的四只蹄子确实都离开了地面。

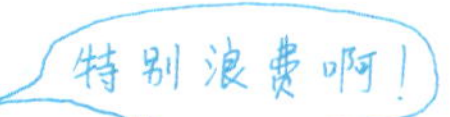

Processing 也使用了帧的概念，draw()（包括其后一对{}里面的所有代码）会被程序连续调用，形成动画效果。通常，我们在 draw()方法的第一行把屏幕刷白：

```
void draw (){
  background (255);
  // your codes
}
```

这样就形成了一张不断更新的白色画布（帧）。也许你更爱黑色背景，那就用 background(0)；这一代码。Processing 采用 0～255 的整数来表示灰度，0 代表黑色，255 代表白色，中间的数字代表各种灰色。

那如何设置彩色背景呢？也很简单，譬如 background(255, 170, 0)、就是一个橙色背景，括号里的三个数字分别表示红色、绿色、蓝色的成分，我们会在 1.3

节详细介绍颜色。

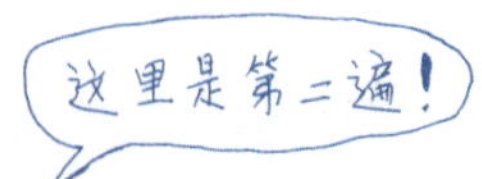

重要的事情再重复一遍！开始写任何一个程序之前，首先要挑选一种模式。

（1）静态模式。静态模式只有 setup()方法，没有 draw()方法，譬如：

```
void setup (){
  size (200, 400);
  background (255, 170, 0);
  line (0, 0, width, height);
  line (0, height, width, 0);
}
```

（2）画画模式。在画画模式下，每帧画的内容在一张画布上不断叠加（见 1.1 节程序）。

（3）动画模式。在动画模式下，每帧均在一张空白画布上进行绘图，即在 draw()方法第一行用 background()指定背景颜色。

静态模式、画画模式和动画模式使 Processing 视觉艺术变得丰富多彩。静态模式可以输出大幅精美图像；画画模式像画笔一样，不断在画布上留下笔触；动画模式能产生无穷无尽的不重复的视频。

有时一个程序可以写成两种模式，如画画模式：

```
void setup(){
  size(800, 200);
  background(255, 160, 160);
}
void draw(){
  ellipse((frameCount*8)%width, 100, 50, 100);
}
```

以及动画模式：

```
void setup(){
  size(800, 200);
```

```
}
void draw(){
  background(255, 160, 160);
  ellipse((frameCount*8)%width, 100, 50, 100);
}
```

上面两组代码唯一的区别就是 background(255, 160, 160)方法是在 setup()程序块中还是在 draw()程序块中。代码中运用了模运算（%符号），当%符号前面的数字增加，直到等于 width 时，模运算的结果变为 0。所以当椭圆移动到窗口最右侧时，会跳回到窗口的最左侧，如图 1-3 所示。

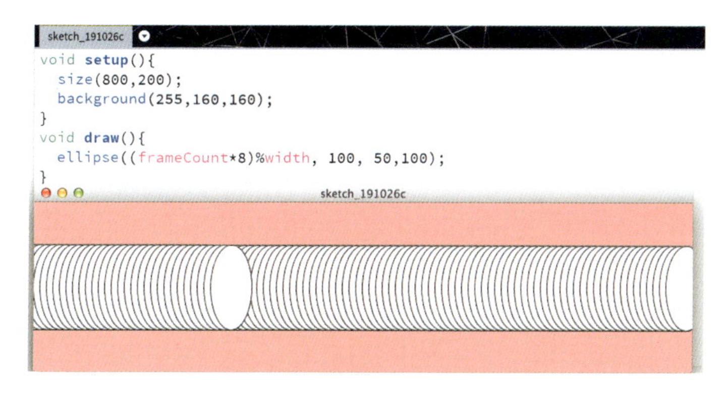

（a）不调用 background()方法

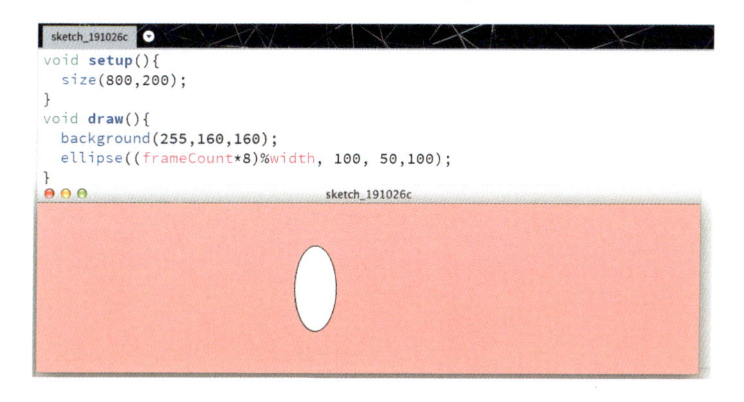

（b）调用 background()方法

图 1-3　两种模式

我们可以用 frameRate()方法来控制帧的更新速度，如在上面这个程序中，在 setup()方法的内部加入“frameRate(5);”，小球的移动速度就会非常慢。Processing 的默认速度是 frameRate(60)，比电影的每秒 24 帧快很多。还有一种特殊情况，当每帧需要绘制的内容（或所需的运算）特别多时，帧的实际更新速度会比设定的要慢。

1.3　颜色

1.2 节用%运算符使椭圆在画布内循环往复地运动。现在我们来认识一下四个常见的运算符，即加、减、乘、除。在一个空白的程序内写出以下代码：

```
print(1+3);
```

单击工具栏内的播放键，底部的控制台（console）会打印出“4”，即 1+3 的计算结果等于 4。实际上这行代码做了三件事：①做 1+3 等于 4 的数学计算；②把答案“4”作为参数传递给 print()方法；③print()方法将答案在控制台中打印出来。注意：这行代码要以分号结束。我们再试试减法、乘法和除法：

```
print(1-3);
print(7*3);
print(7/3);
print(7.0/3);
```

调用方法都要以分号结束！

控制台会打印出-22122.3333333。print()打印时不会带空格。为了更清楚地看到结果，可以将第一行程序改写为“print(1-3+",");”，控制台会打印出“-2,”，即在数字后面加了一个逗号。我们还可以使用 println()方法，这样每次打印时都会换行：

```
println(1-3);
println(7*3);
println(7/3);
println(7.0/3);
```

控制台会分四行打印出四个结果，但为什么 7/3=2？实际上，当除号“/”两侧的数字都是整数时，Processing 会做整数除法，即“7 除以 3 等于 2 余 1”。

7/3=2*3+1

如果不想做整数除法，需要把数字写成小数，如 7.0/3、7.0/3.0、7/3.0 皆可。对于 Processing 来说，小数（float）与整数（int）截然不同。我们将在 2.1 节深入介绍 float 和 int 这两种数据类型。对于数学家来说，3.0 与 3 是截然不同的。德国数学家利奥波德·克罗内克（Leopold Kronecker）曾说：自然数是上天给的，小数则是人造出来的。

算术中括号可以控制运算的优先级，这对程序而言同样适用。譬如，(4+5)×2 与 4+5×2 的结果不同，但 4+5×2 与 4+(5×2)是一回事。

如何用数学方法和代码来表示五彩斑斓的颜色呢？这要从彩虹说起。日光透过水汽呈现出连续变化的颜色。牛顿在实验室里用三棱镜把白光分解成连续的光谱，后来人们将光谱中的七种颜色（按光的波长排序）命名为：红（red）、橙（orange）、黄（yellow）、绿（green）、青（cyan）、蓝（blue）、紫（violet）。每个人对颜色的感受与理解会略有偏差，幸好计算机程序可以用数字来精确表示颜色。譬如：

```
void setup(){
    size(256, 256);
    colorMode(HSB);
    background(191, 255, 255)
}
```

上面这个程序运行后，将产生一种有点偏紫的蓝色。这段代码首先把程序的颜色模式设为 HSB 模式，即 Hue（色相）、Saturation（饱和度）、Brightness（亮度）。其中，色相正好对应彩虹从红到紫的光谱，用 0～255 中的一个数字来指定色相。我们可以移动鼠标来产生 0～255 中的任意一个数字，并产生对应的色相：

```
void setup(){
    size(256, 256);
    colorMode(HSB);
}
void draw(){
    print(mouseY+",");
    background(mouseY, 255, 255);
}
```

显示窗口颜色的色相（Hue）与鼠标 *y* 坐标相关联，底部的控制台随时打印出 mouseY 值，即色相的值。

frameCount（当前帧的序号）与%运算符的组合可以动态地展示七彩颜色：

```
void draw(){
    background(frameCount%256, 255, 255);
}
```

红色和黄色给人温暖的感觉，绿色和蓝色则是“冷色”。德国文豪歌德曾经专门研究人对颜色感知，反对牛顿单纯用数学和物理方法对颜色进行分析。计算机领域则采用了牛顿的思想，把所有颜色解释为三原色（红、绿、蓝）之间特定比例的混合。这就是 RGB 模式：

```
void setup(){
    size(256, 256);
    colorMode(RGB);
}
void draw(){
    background(mouseX, mouseY, 0);
}
```

鼠标在左上角时显示黑色（红色、绿色成分都为 0），在右上角时显示红色，在左下角时显示绿色，在右下角时显示黄色（红色、绿色成分都为 255）。由于 RGB 模式是 Processing 的默认模式，因此“colorMode(RGB);”这行代码可以省略。

我们可以采用不同的颜色来绘制不同的物体，譬如：

```
void setup(){
    size(600, 400);
    rectMode(CENTER);
}
void draw(){
    colorMode(HSB);
    background(frameCount%256, 255, 255);
    colorMode(RGB);
    fill(0, 255, 255); //cyan
    rect(mouseX, mouseY, 200, 200);
    fill(255, 255, 0); //yellow
    ellipse(mouseX, mouseY, 200, 200);
}
```

矩形为青色（R:0, G:255, B:255），圆形为黄色（R:255, G:255, B:0）。在调用 colorMode(RGB)之后，fill(0, 255, 255)括号内的三个数值就代表红色、绿色、蓝色三种颜色的成分。fill()方法用来指定画形状时填充的颜色。rect(x, y, w, h)是画矩形的方法：

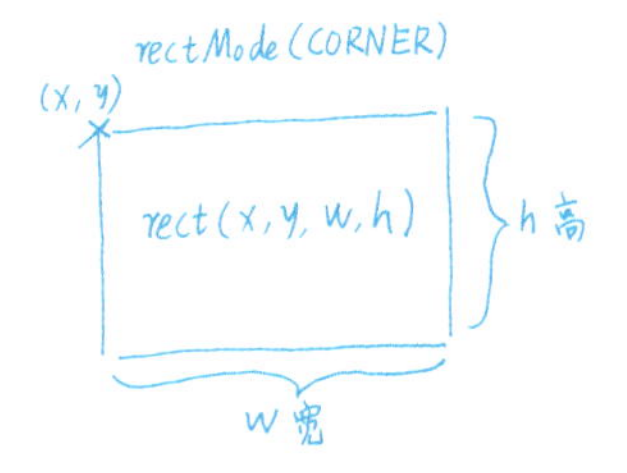

我们不但可以指定形状的填充颜色，还可以改变形状边缘的颜色：

```
void setup(){
    size(600, 400);
}
void draw(){
    stroke(0); //black
    fill(0, 255, 255); //cyan
    rect(mouseX, mouseY, 200, 200);
    stroke(255, 0, 0); //red
    fill(255, 255, 0); //yellow
    ellipse(mouseX, mouseY, 200, 200);
}
```

上述代码设置矩形的边缘为黑色，椭圆的边缘为红色，如图 1-4 所示。该程序中矩形的左上角总是与鼠标对齐，因为程序默认的模式是 rectMode(CORNER)。在任意一个程序块内部，代码是一行一行依次执行的，因此第五、六行的 stroke()和 fill()影响了第七行 ellipse()所绘椭圆的颜色，而第八、九行的 stroke()与 fill()只能影响第十行 rect()所绘矩形的颜色。

图 1-4　黑色边缘的矩形，红色边缘的椭圆

在编程时，经常需要暂时删掉一段代码，我们一般用一对/* */来把一段代码“注释掉”，如下面的程序段把矩形暂时去掉了：

```
void setup(){
    size(600, 400);
}
void draw(){
    stroke(255, 0, 0); //red
    fill(255, 255, 0); //yellow
    ellipse(mouseX, mouseY, 200, 200);
  /* stroke(0); //black
    fill(0, 255, 255); //cyan
    rect(mouseX, mouseY, 200, 200);*/
}
```

当我们再次需要这段代码时，把/* */符号删除即可。

水彩画中的颜色可以呈现半透明的状态。Processing 中的颜色也可以，我们只要把 fill()、stroke()等方法内的三个参数变成四个即可，其中第四个参数表示透明度（取值范围同样是 0～255，0 为完全透明，255 为不透明）。譬如：

```
void setup(){
    size(600, 400);
}
void draw(){
    colorMode(RGB);
    background(255);
    fill(0, 255, 0, 100); //green, transparent
    ellipse(mouseX, mouseY, 200, 200);
    colorMode(HSB);
    fill(25, 255, 255, 50); //orange, transparent
    rect(mouseX, mouseY, 200, 200);
}
```

运行结果如图 1-5 所示。

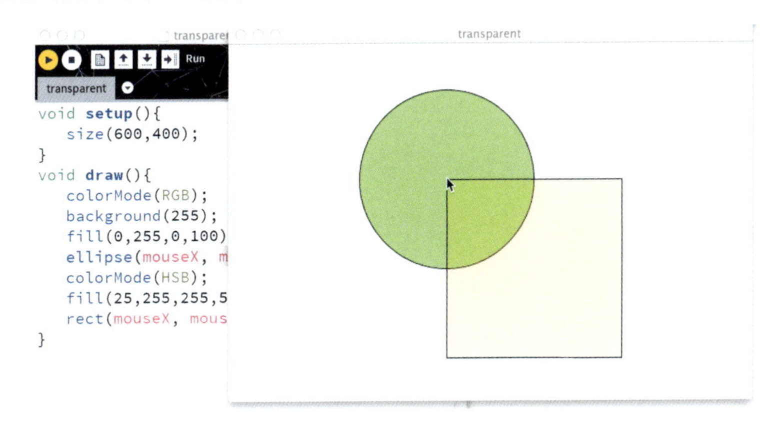

图 1-5　半透明的绿色圆形和半透明的橙色正方形

其中，圆形的填充颜色设置为 RGB 模式下的 fill(0, 255, 0, 100)，纯绿色结合了 100 的透明度之后变成了浅绿色。正方形的填充颜色设置为 HSB 模式下的 fill(25, 255, 255, 50)，橙色结合了 50 的透明度之后显得非常通透。

你也许已经发现，background()、stroke()、fill()这几个方法的括号内可以有一个、三个或四个参数，如 fill(255)、fill(0, 255, 0)、fill(0, 255, 0, 100)。在 Processing 内部，其实已经定义好了三个不同的版本，它们名称相同但参数不同，这称为方法的重载(overload)。

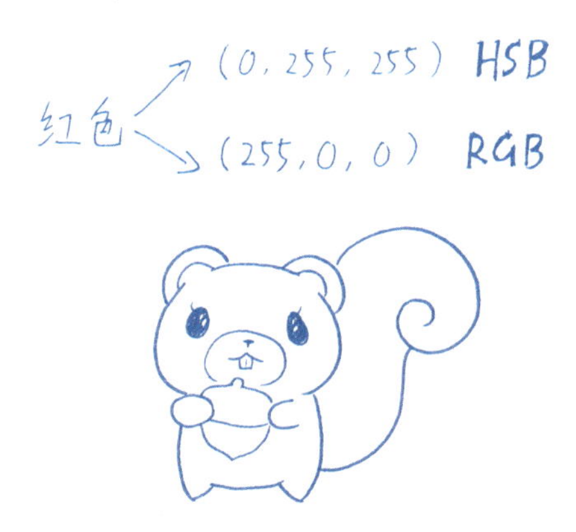

变化多端的圆形

2.1 变量与循环

在第 1 章我们体验了 Processing 的画布、画笔和颜色。不难发现，Processing 用数字表示图形和颜色，而变化的数字可以产生变化的图形和颜色。变量（variable）用来表示变化的数，譬如：

```
int a= -1; //声明一个整数变量 a，把-1 赋予 a
println(a);
a= -3;  // 把-3 赋予 a
println(a);
```

运行程序后，控制台打印出-1 和-3 两个结果。代码中的 int a= -1 语句做了两件事：①声明一个整数型（int）变量 a；②把一个具体的值-1 赋予 a。因为 a 是变量，所以我们可以随时赋给它新的值，如 a= -3。一般来说，变量的名字用小写，如果变量的名字由几个单词组成，可以用 the_first_variable 或 theFirstVariable 这两种形式。

值得注意的是，a 是一个 int 型变量，因此不能把小数赋给它。例如，a=0.5 语句会触发程序异常（Exception），消息区域会变成深褐色，并显示：cannot convert from float to int。当等号右侧的数据类型无法自动转换为等号左侧的数据类型时，就会触发这类异常。

另一种常用的数据类型是小数（float），现在我们来创建一个名为 x 的 float 型变量：

```
float x=-1.6; //声明一个小数变量 x，把-1.6 赋予 x
println(x);
x+=2; // x=x+2
println(x);
```

其中，+=运算符的含义是：把运算符左边的变量加上右边的数，并计算最终结果。类似的还有-=、*=和/=，读者不妨自己试一试，看看结果是否和想象的一样。运行上面的程序会得到-1.6、0.39999998 三个结果。最后一个结果看上去很奇怪，因为正确结果应该是 0.4。

好可怕！程序吃掉了0.00000002！

实际上 float 数据类型所表示的数字精度是有限的，这和我们熟悉的“绝对精确的数学”完全不同。但对于生成艺术来说，精度似乎不是问题。

变量之间也可以做运算，例如：

```
float x= 6.9;
x++; // x=x+1
float pigPeppa=11.25;
float pigGeorge=8.5;
float result = (pigPeppa +pigGeorge)/x;
println( "result is " +result);
```

其中，++运算符的含义是给左边的变量加上 1。“程序猿们”热爱偷懒，发明了很多简化的运算符，类似的还有--运算符。程序的运行结果为“result is 2.5”。最后一句 println()中的参数为“result is”+result，即把一个小数（result 值为 2.5）与字符串“result is”拼接成一段字符串。

现在我们在屏幕中央画一个圆形，使圆的边缘始终与鼠标光标对齐：

```
int w=800;
int h=600;
void setup() {
  size(w, h);
  colorMode(HSB);
}
void draw() {
  fill(mouseX*256/w, mouseY*256/h, 255);
  float r=dist(mouseX, mouseY, w/2, h/2);
  ellipse(w/2, h/2, 2*r, 2*r);
  line(mouseX, mouseY, w-mouseX, h-mouseY );
}
```

Processing 3 不能用变量来确定窗口尺寸！可以用 size(800,600);

代码运行结果如图 2-1 所示。

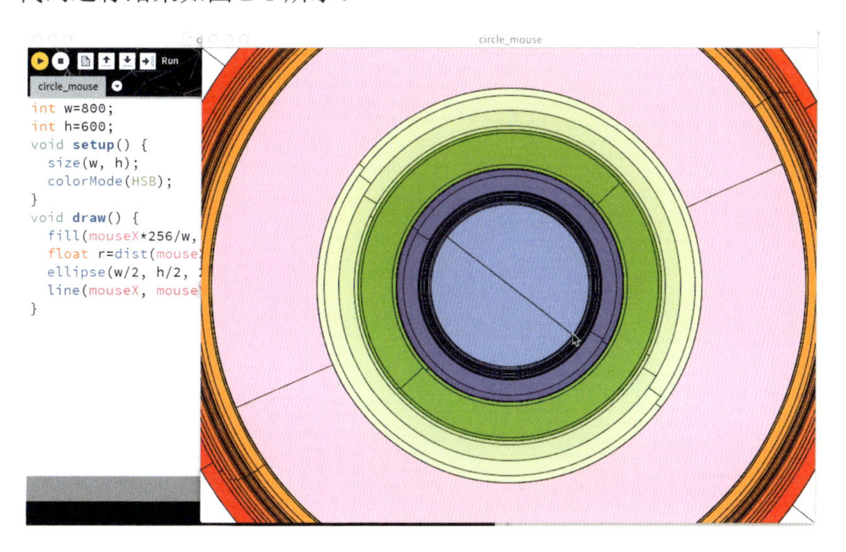

图 2-1　一组同心圆，移动鼠标可控制圆的大小

在指定 HSB 颜色模式时，我们采用了变量之间的运算：mouseX*256/w，即把鼠标的 x 坐标（从 0 到 w）缩放到 0～255。代码中的 dist()是 Processing 自

带的求两点之间距离的方法，四个参数分别为第一个点的 x 与 y 坐标，以及第二个点的 x 与 y 坐标。运用勾股定理，代码中的 dist()语句可以用以下代码代替：

```
float dx=mouseX-w/2;
float dy=mouseY-h/2;
float r= sqrt(dx*dx+ dy*dy);
```

其中，sqrt()是求平方根的方法，sqrt 是 square root 的缩写。

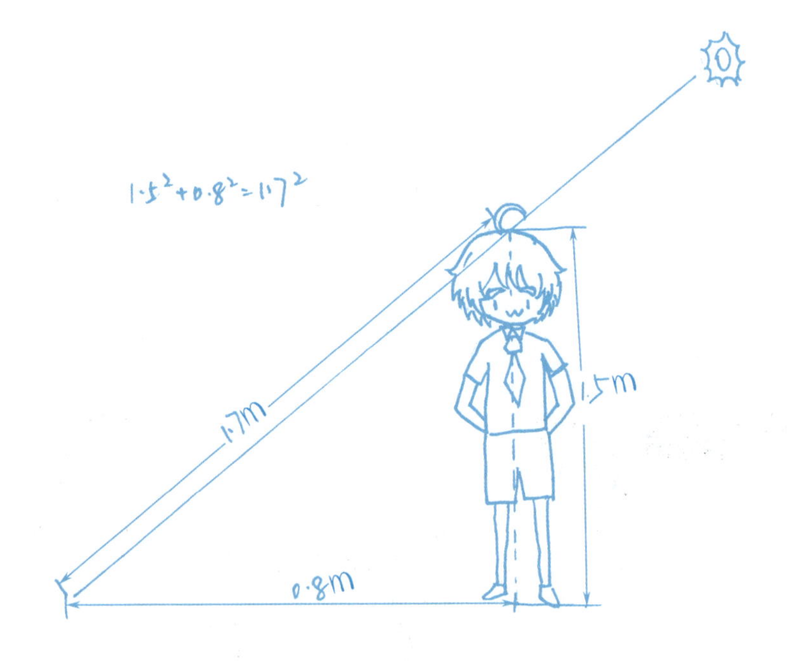

下面来认识一下编程语言中常用的 for 循环语句：

```
for(int i=0; i<8; i++){
    int square= i*i;
    println( "square of " +i+ " is " + square );
}
```

该循环从变量 i 等于 0 开始，每次循环给 i 加上 1，直到 i 为 8（不再满足 i<8 的循环条件）的时候停止循环。全世界的“程序猿”都喜欢从 0 开始计数，所以

```
for(int i=0; i<n; i++){
    //do anything you want
}
```

中的 i 会从 0 变到 n-1，因此花括号内的代码不会经历“i=n”的情况。现在我们用手指来表示 n。

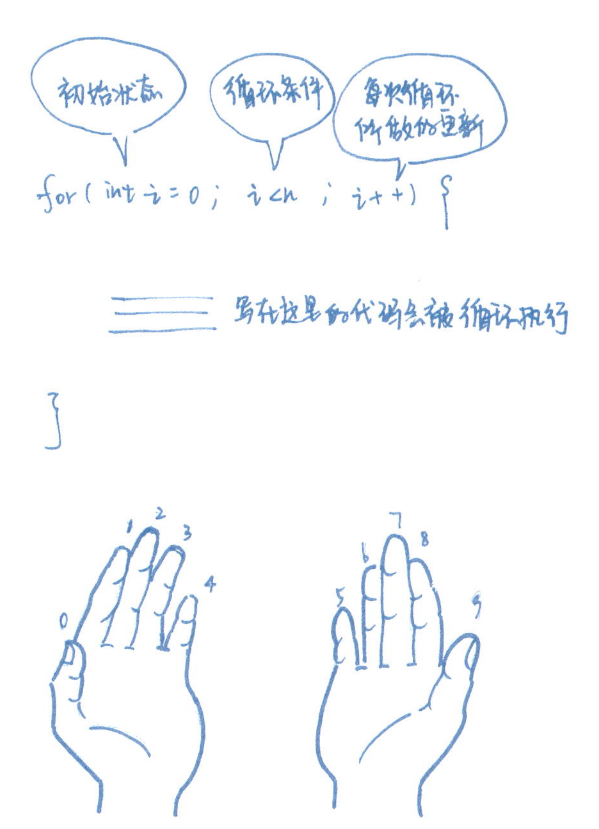

for 循环有很多灵活的用法，譬如计算 5～25 中所有奇数的平方根：

```
for(int i=5; i<=25; i+=2){
    float sq_root= sqrt(i);
    println( "square root of " +i+ " is " + sq_root );
}
```

这里的初始状态条件是 i=5（不是从 0 开始），继续循环的条件是 i≤25（允许 i 等于 25），每次循环会把 i 增加 2。

2.2 心

圆形既是宇宙中最简单、最容易理解的图形，又是神秘且耐人寻味的图形。本节我们将利用圆形来生成富于变化的图案。首先注意圆形的几个基本特征：圆心、半径、角度、弧长。在铅笔上拴一根绳子，绷紧绳子并把绳子的另一端固定在纸上，绕着固定点转动，铅笔就能画出光滑的圆弧。

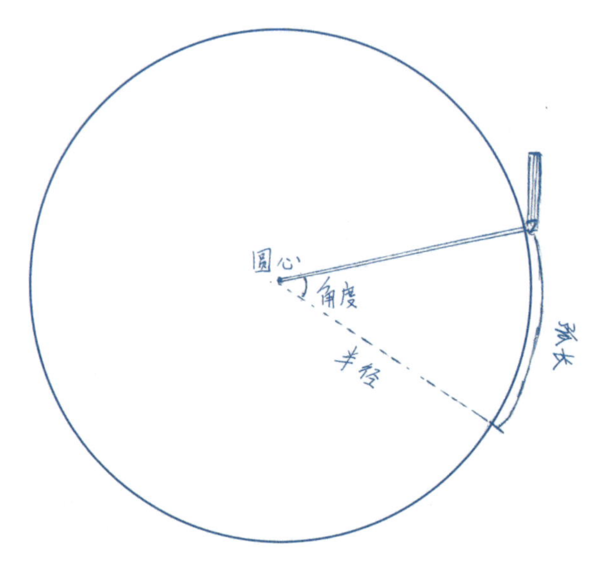

绳子一端的固定点即圆心，绳子的长度就是半径（直径是半径的 2 倍）。铅笔转过的角度决定了圆弧的长度，当转过 360° 时就画成了一个完整的圆。当圆的直径为 1 时，整个圆弧的长度为

3.14159265358979323846264338327950288419716939937510582097494459230781640628620899862803482534211706798214808651328230664709384460955058223172535940812848111745028410270193852110555964462294895493038196442881097566593344612847564823378678316527120190914564856692346034

861045432664821339360726024914127372458700660631558817488152092096282925409171536436789259036001133053054882046652138414695194151 1……

“程序猿”和数学家爱用弧度（radian）来表示角度的大小，弧度与角度之间的关系为：弧度= 角度*π/180°。该公式基于这样一个事实：180°和 π 代表的角度是一样大的。Processing 用 PI 这个常量来表示 π：

```
println(PI);
float rad=90*PI/180;
println(rad);
```

本书偏好用弧度来表示角度，其中一个原因就是仰慕欧拉公式：$e^{i\theta}=\cos\theta+i\sin\theta$（其中 θ 是弧度制的角度），它曾被誉为世界上最完美的公式，在本书的最后，我们将用它生成极其繁复的分形（fractal）图案。该公式包含了 cos 与 sin 这两个三角函数。实际上 $\cos\theta$ 与 $\sin\theta$ 函数是单位圆上一点的水平投影与垂直投影，而对应的角度就是 θ，如下图所示。

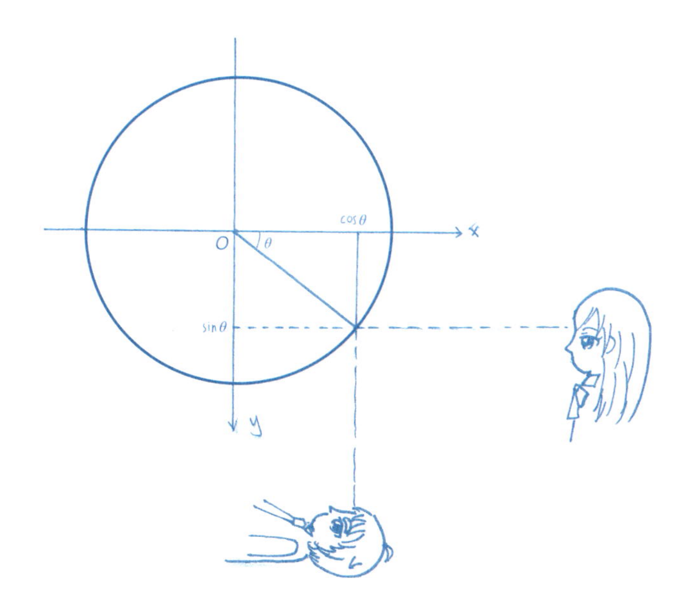

因为点在圆环上的运动是周而复始的，每当一个点转过 2π（对应 360°）就会回到初始位置，所以 cos 和 sin 都是周期函数，周期为 2π。运用勾股定理，设斜边的长度为 1，就可以发现 $\cos^2\theta + \sin^2\theta = 1$。当圆的半径为 r 时，圆上一点的 x 坐标为 $r\cos\theta$，y 坐标为 $r\sin\theta$，即在笛卡儿坐标系下，圆可以用三角函数来表示。

现在我们对一个半径为 400 的圆进行 432 等分，将其中任意一点（对应角度 θ，在程序中写作 theta）与另一点（对应角度 2θ）连线，如下图所示。

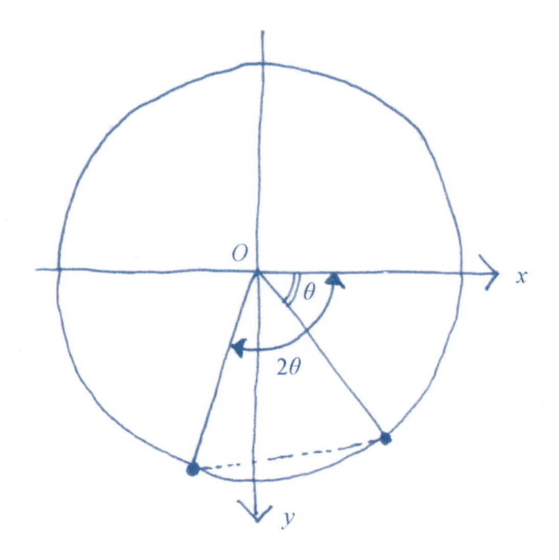

利用 for 循环语句可以方便地画出所有连线：

```
float r=400;
int n=72*6;
void setup() {
  size(800, 800);
}
void draw() {
  background(255);
  translate(400, 400);
  for (int i=0; i<n; i++) {
    float theta= 2*PI*i/n;
```

```
      float y= r*sin(theta);
      float x= r*cos(theta);
      float y2= r*sin(2*theta);
      float x2= r*cos(2*theta);
      line(x, y, x2, y2);
    }
}
```

其中，translate(400, 400)语句把整个画布移动到屏幕中央，否则图形会偏向左上角。for 循环内部的六行代码完成了三件事：①计算第 i 个点对应的弧度 θ；②计算弧度为 θ 的点的 x 坐标和 y 坐标，以及弧度为 2θ 的点的 x 坐标和 y 坐标；③画连线。

运行程序将得到一个心形（cardioid），如图 2-2 所示。该心形中每根线的规律是：一端对应的角度是另一端对应的角度的 2 倍。那如果是 3 倍的关系会怎么样呢？我们对代码稍作修改：

```
float y2= r*sin(3*theta);
float x2= r*cos(3*theta);
```

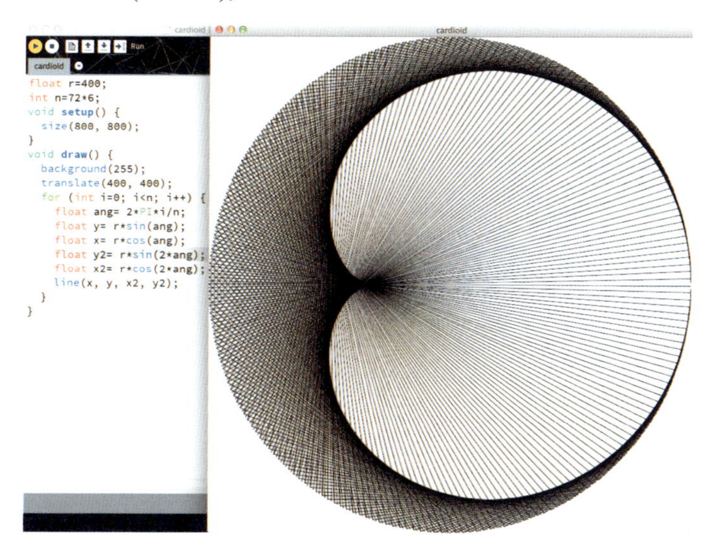

图 2-2　cardioid 图形

就能得到一个新的图案，呈现出两瓣的对称性。同理也能编写四倍、五倍、六倍的图形，能分别显示三瓣、四瓣、五瓣的旋转对称性。图 2-3 列出了不同倍数产生的不同图形。

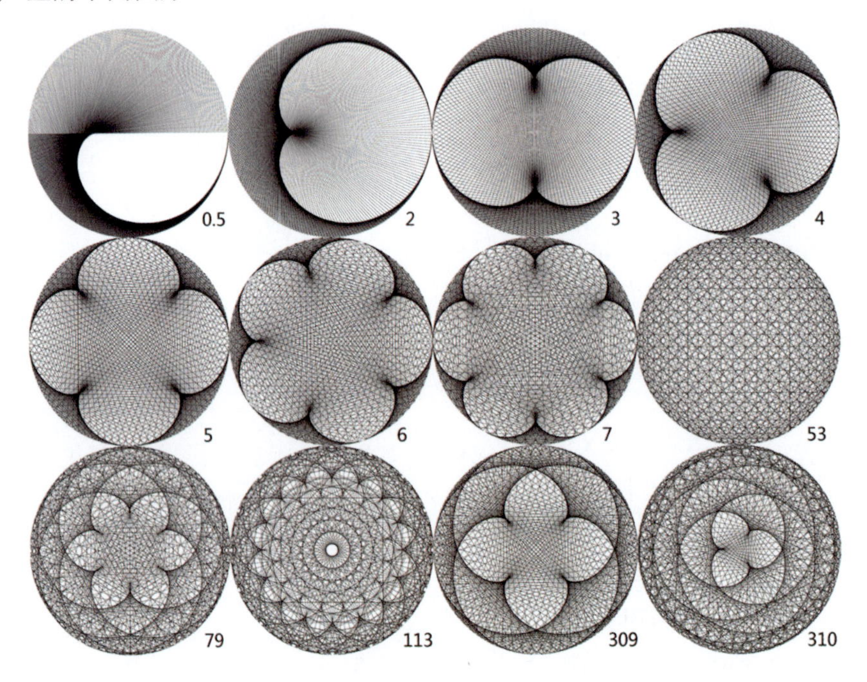

图 2-3　不同倍数产生的不同图形

不难发现，输入不同的倍数就能得到不同的图形。在视觉实验中，我们经常会尝试不同的参数值，往往能得到意想不到的效果。很多有意思的作品就是在不断尝试中发现的。现在我们让上一个程序中的倍数连续变化（与 frameCount 关联），从而产生动画效果：

```
float r=400;
int n=72*6;
void setup(){
  size(800, 800);
}
void draw(){
  background(255);
```

```
  translate(400, 400);
  float s=1+0.05*frameCount;
  for(int i=0; i<n; i++){
    float theta= 2*PI*i/n;
    float y= r*sin(theta);
    float x= r*cos(theta);
    float y2= r*sin(s*theta);
    float x2= r*cos(s*theta);
    line(x, y, x2, y2);
  }
}
```

其中，float 型的变量 s 决定了每根线两端对应角度之间的倍数，当 s 随着帧数不断变化时，整个图形也就动起来了。

2.3 圆的魔术

上一节介绍了 cos 函数和 sin 函数是圆上一点的水平和垂直投影。而下图中的 sin 函数表达了弧度与垂直投影之间的关系。

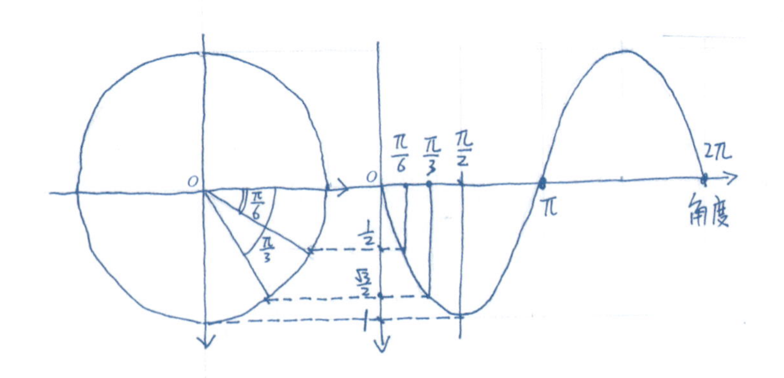

太阳每天从东方升起，而点在圆上每转 2π（对应 360°）就会复位，因此 sin 函数是一个周期为 2π 的函数。cos 函数的周期同样是 2π。从上图可以看出，sin 函数的最大值为 1，最小值为-1。Processing 可以方便地绘制三角函数：

```
void setup() {
  size(800, 600);
}
void draw() {
  background(255);
  for (int x=0; x<800; x+=2) {
    float theta=   x* 2*PI /800;
    float y=   300* (sin(theta) +1) ;
    stroke(255, 0, 0);
    line( x, 0, x, y );
  }
}
```

该程序绘制了 400 根垂直线，注意 x+=2 语句使 for 循环只产生 0、2、4、6 等偶数。每根垂直线一端的 y 坐标为 0（屏幕的上边缘），另一端的 y 坐标为 300* (sin(theta) +1)。由于 sin 函数的值在-1～1 变化，因此 sin(theta) +1 的值在 0～2，最终 300* (sin(theta) +1)的值会在 0～600 变化，从而撑满整个屏幕高度。

在 float theta=x* 2*PI /800 语句中，x 的最大取值为 800，因此 x*2*PI /800 这个表达式的最大取值为 2π，正好是 sin 函数的一个周期。如果我们想让曲线重复出现两次，可以写为：

```
float theta=   x* 4*PI /800;
```

我们在 for 循环中再加入绿色的 cos 函数形状：

```
for (int x=0; x<800; x+=2) {
   float theta=   x* 4*PI /800;
   float y=   300* (sin(theta) +1) ;
   stroke(255, 0, 0);
   line( x, 0, x, y );
   y=   300* (cos(theta) +1) ;
   stroke(0, 255, 0);
   line( x+1, 0, x+1, y );
}
```

绿线和红线是完美错开的，奇妙的是，我们会看到黄色（见图 2-4）。也许你还记得，在 RGB 颜色模式下(255, 255, 0)表示黄色，而上面这个程序细密地混合了红线和绿线。

印度尼西亚的凤蝶，翅膀上闪烁着鲜亮而难以用语言描述的绿色，但在显微镜下人们却发现它的翅膀上密布了黄色和蓝色两种颜色。

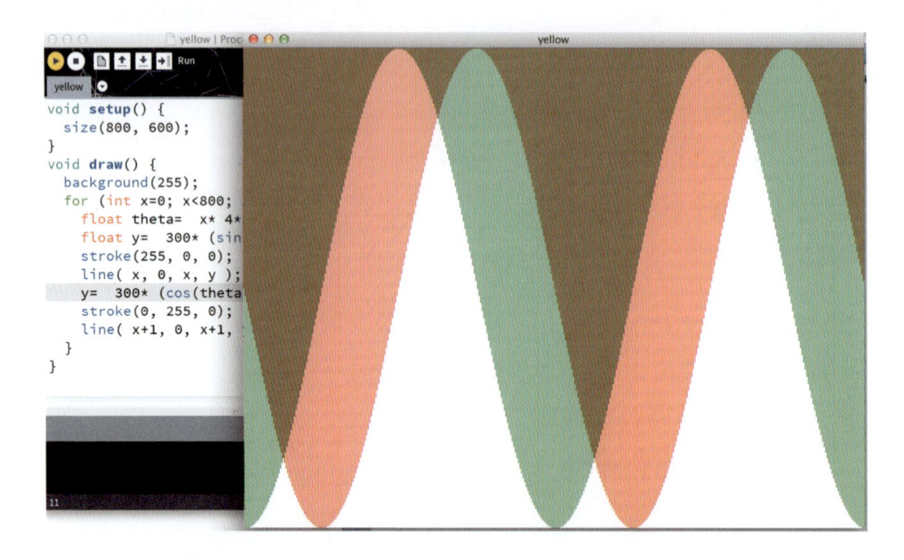

图 2-4　红色波浪与绿色波浪的叠加产生了黄色的错觉

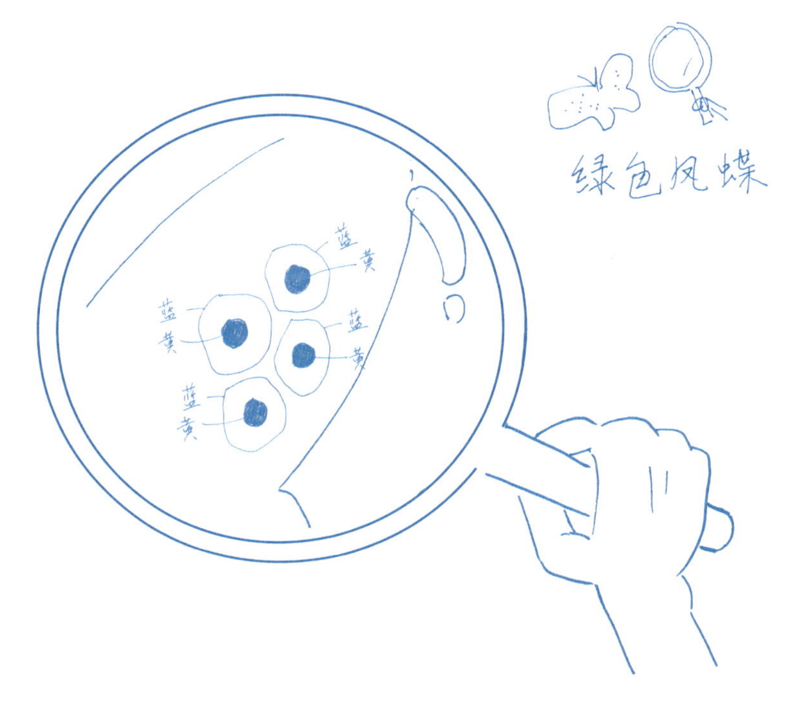

最后，我们添加一个 float 型的变量 shift，让它在每帧递减 0.1，从而让绿色曲线向左移动、红色曲线向右移动。

```
float shift=0;
void setup() {
  size(800, 600);
}
void draw() {
  background(255);
  for (int x=0; x<800; x+=2) {
    float theta=   shift + x* 4*PI /800;
    float y=   300* (sin(theta) +1) ;
    stroke(255, 0, 0);
    line( x, 0, x, y );
    theta=   -shift + x* 4*PI /800;
    y=   300* (cos(theta) +1) ;
```

```
      stroke(0, 255, 0);
      line( x+1, 0, x+1, y );
    }
    shift -= 0.1;
}
```

圆的一个本质特征是：圆上任意一点到圆心的距离都一样，这个距离就是圆的半径。下面这个程序在半径为290的圆上画了720个小圆圈。

```
void setup() {
  size(600, 600);
}
void draw() {
  background(255);
  fill(0);
  int n=720;
  for (int i=0; i<n; i++) {
    float theta = i* 2*PI /n ;
    float r = 290;
    float x= 300+r*cos(theta);
    float y= 300+r*sin(theta);
    ellipse(x, y, 6, 6);
  }
}
```

现在我们来打破这个圆，让每个点的半径（到圆心的距离）对应它的角度theta，譬如：

```
float r =   290* sin(0.5*theta);
```

用这句代码替代原代码中的“float r = 290;”原来的圆形就变成了一个心形（见图2-5），看上去和2.2节中的心形相似。

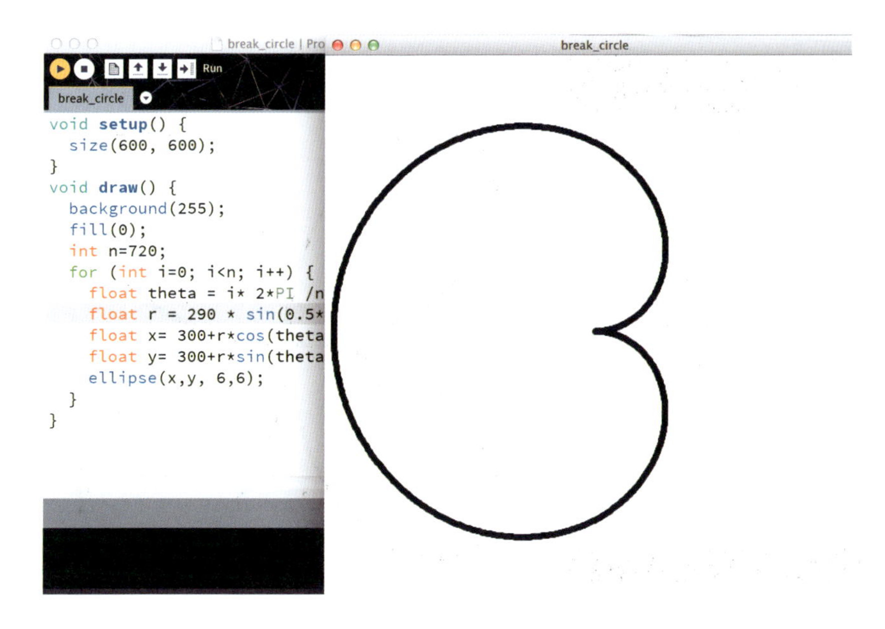

图 2-5　心形

这是为什么呢？我们可以想象，sin 函数图像在 16 支向上的箭上留下了刻痕，如果把这 16 支箭呈放射状布置，这些刻痕刚好组成一个心形。

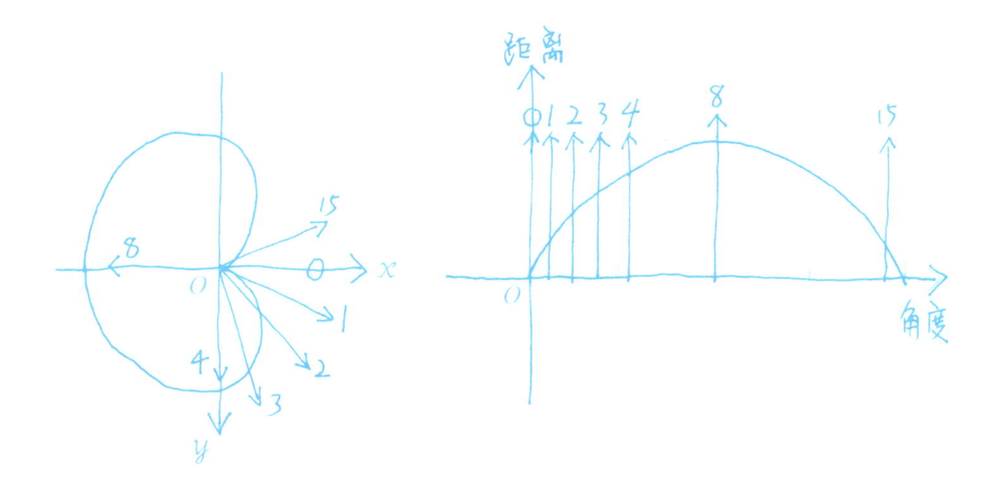

如果代码改成了"float r = 290 * sin(2*theta);"，原来的圆形又变成了四叶草的形状，如图 2-6 所示。

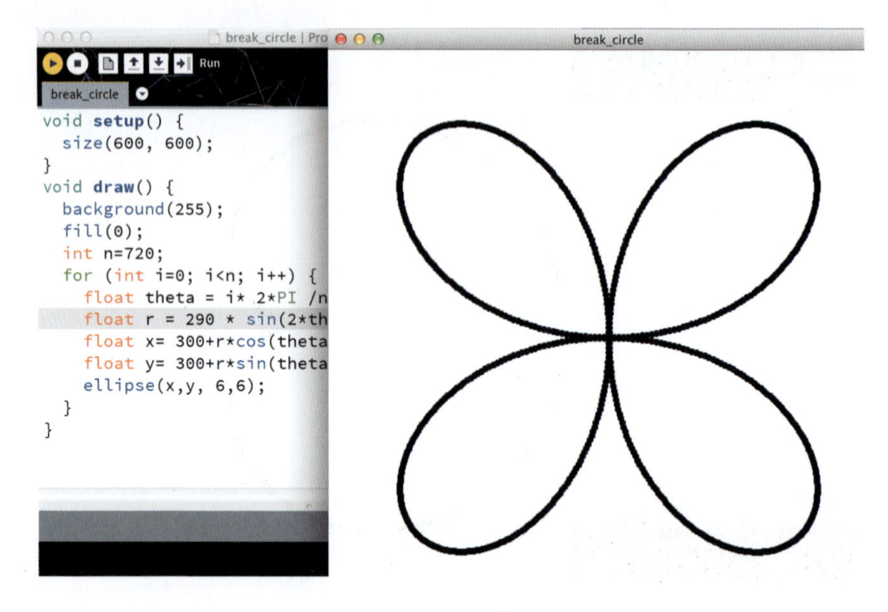

图 2-6　四叶草形

我们依然可以用 16 支箭头来解释四叶草形。

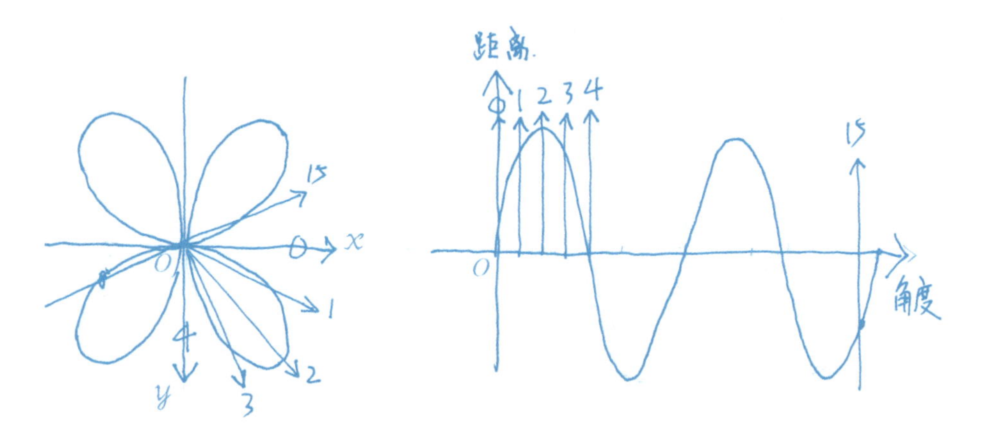

我们还可以在“float r = 290 * sin(2*theta);”这句代码中尝试其他倍数，如 sin(3*theta)、sin(4*theta)等，看看会得到什么形状。不难发现，这个倍数对形状的影响非常大，现在我们让这个倍数随 frameCount 连续变化，从而让形状连续地变化，程序如下：

```
void setup() {
```

```
    size(600, 600);
}
void draw() {
    background(255);
    fill(0);
    int n=720;
    for (int i=0; i<n; i++) {
        float theta = i* 2*PI /n ;
        float r = 290 * sin(0.02*frameCount*theta);
        float x= 300+r*cos(theta);
        float y= 300+r*sin(theta);
        ellipse(x, y, 6, 6);
    }
}
```

整个第 2 章的主角是圆，它简单纯粹又暗藏丰富的变化。在笛卡儿坐标系下的圆又可以转化为 cos 函数和 sin 函数，帮助我们进行数学思考和编程实验。本章用变量、for 循环、三角函数发掘了圆的各种变化，期待读者也可以发现圆不为人知的一面。

弹！弹！弹！

3.1 弹球

生成艺术的一大特色是动画，而且这种动画往往可以无限地运行下去而不会在内容上重复。听上去是不是很神奇？而且 Processing 可以用随机数的原理让动画每次的运行都不一样。我们先绘制一个小球并让它动起来，程序如下：

```
float x=0;
float y=300;
void setup(){
  size(800, 600);
}
void draw(){
  background(255);
  fill(0, 255, 0);
  ellipse(x, y, 30, 30);
  x+=3;
}
```

运行程序，我们可以看到一个绿色的小球向右移动，最后飞出了展示窗口。使小球运动的代码是 x+=3（即 x=x+3），意思是：把当前的 x 值加上 3，然后把计算获得的值重新赋给 x。因此，每当 draw()方法运行一次，变量 x 的值就会增加 3。实际上，小球是一顿一顿地跳动，但由于每秒 draw()会运行近 60 次，人眼感受到的画面是连续运动的，其实这也是动画或电影的基本原理。

该程序有三大部分：

（1）首先声明两个变量 x 和 y（均为 float 型），代表了小球中心的位置，它们的值将会在程序运行的过程中发生改变。

（2）其次是 setup()方法块，其内部的代码会在程序刚启动时执行一次，在这里用 size()来指定窗口的大小。

（3）最后是 draw()方法块，其内部代码会被反复执行来产生动画效果，这里用了 ellipse()来绘制小球，最后让它的横坐标递增（x+=3），递增的效果在下一帧才能体现出来。

简单的数理知识可以帮助我们编写代码。小球运动的速度可以用两个参数来表示：dx 表示沿水平方向的运动速度，dy 表示沿垂直方向的运动速度。根据高等数学，物体的位置 x 对时间的导数（derivative）就是物体的运动速度，而 dx 就表示这个导数。在程序的开头设六个变量：

```
float x=300;
float y=300;
float dx=3;
float dy=-0.5;
int w=800;
int h=800;
void setup() {
    size(w, h); //在 Processing 3 版本下使用 size(800, 600)
}
```

而 draw()方法中的代码让小球的位置根据速度产生变化：

```
void draw(){
  background(255);
  fill(0, 255, 0);
```

```
    ellipse(x, y, 30, 30);
    x+=dx;
    y+=dy;
}
```

在坐标系中速度是有符号的（可能是正的，也可能是负的）。在日常生活中速度总是正的，因为人们一般说的是速度的大小，不包含方向信息。譬如，2008年京津城际列车的最高速度是 105m/s。速度的大小为(d*x*×d*x*+d*y*×d*y*)的平方根。d*x* 是速度的水平分量，而 d*y* 是速度的垂直分量。上面例子中小球的速度大小约等于 3.041 像素/帧。

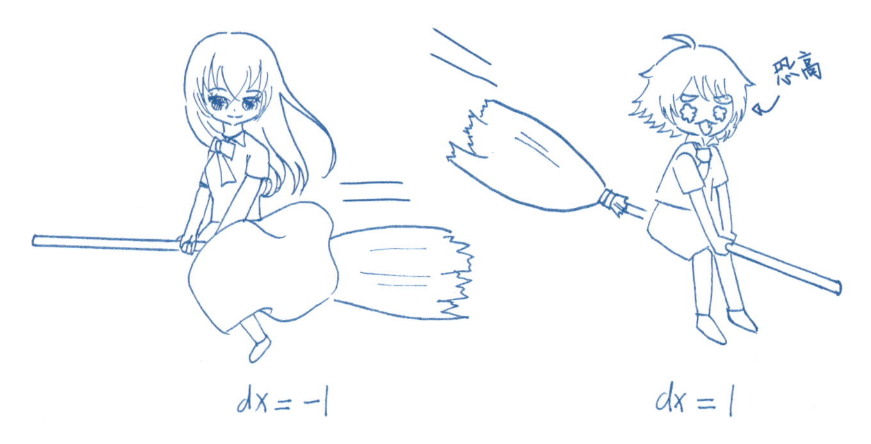

如果要让小球撞到窗口的边缘就弹回来，应该怎么做呢？首先，程序需要检测到“小球撞到窗口的边缘”这种状态。如果只考虑小球飞出右边框的情况，可以用 if 判断语句：

```
if (x>w){
    dx*=-1;
}
```

也就是说，一旦 x 的值大于窗口的宽度，水平方向上的运动速度就会反转（正变成负，负变成正）。而“dx *= -1;”这句代码很简练地实现了“符号反转”的操作，它等价于“dx = -1*dx;”。

if 判断语句在 Java 语言中十分常见，关键词 if 后面需要跟一对圆括号()和一对花括号{}。圆括号()内写判断条件，花括号{}内写在条件满足的情况下需要执行的代码。Java语言对格式的要求非常严格，其中圆括号()、花括号{}都必须成对出现，否则编译过程就会报错。

以上代码能让小球被右边框弹回，但是随着它一直向左运动，最终会飞出左边框。所以需要再添加一个判断，即

```
if (x <0){
   dx*=-1;
}
```

在左边框处也让速度反转。为了让程序更简短，可以把两个判断条件合并在一个if语句中：

```
if (x>w || x<0){
   dx*=-1;
}
```

其中，“||”符号表示“或者”关系，即当x<0或x>w时，速度dx需要变符号。Java语言中还有“&&”操作符，表示“并且”关系，我们在后面的程序中会用到。现在小球的运动被限制在窗口的左右区间内，对上下边框也可以进行类似的处理：

```
if (y>h || y<0){
   dy*=-1;
}
```

最后对画面风格稍作调整，得到图3-1所示的结果。

弹球程序终于完成啦！小球拖着一条尾巴在窗口内跳动（见图3-1）。这条逐渐淡化的尾巴，实际上是因为有半透明的黑色不断蒙在整个窗口上。draw()方法内第一行“fill(0, 10);”其中数值0表示黑色，数值10表示颜色的透明度（255表示完全不透明）。第二行“rect(0, 0, w, h);”用这种透明的黑色绘制了一个与窗口一样大的矩形。

```
float x=300;
float y=300;
float dx=3;
float dy=-0.5;
int w=800;
int h=800;
void setup() {
   size(w,h);  // size(8
}
void draw(){
  fill(0, 10); // transp
  rect(0,0, w,h);  //mas
  fill(255);
  noStroke();
  ellipse(x, y, 20,20);
  x+=dx;
  y+=dy;
  if (x>w || x<0){
    dx*=-1;
  }
  if (y>h || y<0){
    dy= -dy;
  }
}
```

图 3-1　拖着尾巴的弹球

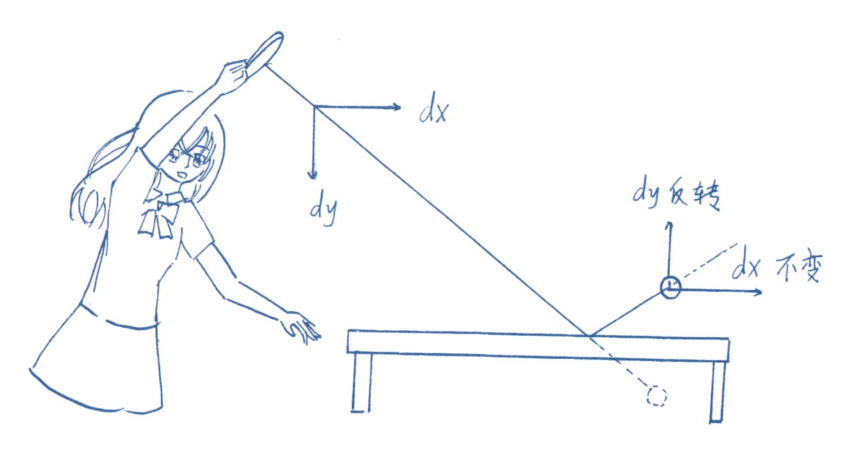

你一定掷过垒球、铅球或石子，当你用最大力气掷出时，无论向哪个方向投球，物体的初速度（大小）几乎是一样的。在 Processing 程序里如何表达“速度大小相同而方向不同”呢？我们可以用第 2 章所讲的三角函数（请脑补一个半径为 speed 的圆），程序如下：

```
float speed=5;
float ang= random(-PI, PI);
dx=speed*cos(ang);
```

```
dy=speed*sin(ang);
```

在上面的程序中，第一行设定速度的大小为 5，第二行“random(-PI, PI);”随机产生一个角度（这里使用弧度来表示角度），第三、四行用三角函数来计算速度的水平与垂直分量。由于引入了随机数进行初始化，因此程序每次运行的结果都不一样。最后的弹球程序如下：

```
float x=350;
float y=400;
float dx, dy;
int w=700;
int h=800;
void setup() {
    size(w, h); //在 Processing 3 版本下使用 size(700, 800)
    float speed=10;
    float ang= random(-PI, PI);
    dx=speed*cos(ang);
    dy=speed*sin(ang);
}
void draw(){
  fill(0, 10);
  rect(0, 0, w, h);
  fill(255);
  noStroke();
  ellipse(x, y, 20, 20);
  x+=dx;
  y+=dy;
  if (x>w || x<0)
    dx*=-1;
  if (y>h || y<0)
    dy= -dy;
}
```

这里使用了一个小技巧：当 if 判断语句内只有一行代码时，可以省略花括号。

练习题

1. 如何绘制两个小球，并让它们各自运动？
2. 如何绘制很多小球，并让它们各自运动？

3.2 布尔先生

随着代码长度的增加，需要让代码排列整齐，特别是要整理每一行的缩进。下一个层级的代码需要向右缩进，菜单中的“Edit / Auto Format”自动格式化命令可以方便地让代码缩进。当代码有错的时候（如少写一个括号），Auto Format命令可能会给出错误的格式。代码的整齐不仅关乎美观，更重要的是便于阅读和编辑。

本节重点介绍各种逻辑判断，下面我们先用代码来判断鼠标是否在圆形内部：

```
float x=220;
float y=250;
float r=180;
void setup() {
  size(500, 700);
}
void draw() {
  background(255);
  if ( r>dist(x, y, mouseX, mouseY)) {
```

```
        fill(0, 0, 0,100);
    } else {
        fill(0, 255, 0, 100);
    }
    ellipse(x, y, 2*r, 2*r);
}
```

当鼠标移动到圆圈内时（鼠标到圆心的距离小于半径），圆的颜色会从原来的绿色变成灰色。填充颜色中都使用了透明度（fill 中的第四个参数为透明度，0 表示完全透明，255 表示完全不透明）。代码中的 dist()是 Processing 内部定义好的函数，用来计算平面中两个点之间的距离，其中前两个参数表示第一个点的 *x*、*y* 坐标（在这里我们填入了圆心的坐标），后两个参数表示第二个点的坐标（在这里我们填入了光标的位置）。

最常见的 if-else 判断语句是两段式的：

```
if ( // condition A ) {
    //codes A
} else {
    //codes B
}
```

当满足 if 后面圆括号内的条件时，后面花括号内的代码将会运行，否则 else 后面花括号内的代码会运行。if-else 语句还可以处理多重条件，如下所示。

```
if ( // condition A) {
    //codes A
} else if ( // condition B){
    //codes B
} else if ( // condition C){
    //codes C
} else {
    //codes D
}
```

图 3-2 所示的程序同时处理了鼠标与两个圆形的几何关系（复制并修改之前的代码即可）。

```
float x1=220;
float y1=250;
float r1=180;
float x2=600;
float y2=500;
float r2=400;
void setup() {
  size(500, 700);
}
void draw() {
  background(255);
  if ( r1>dist(x1, y1, mouseX, mouseY)) {
    fill(0, 0, 0, 100);
  } else {
    fill(0, 255, 0, 100);
  }
  ellipse(x1, y1, 2*r1, 2*r1);

  if ( r2>dist(x2, y2, mouseX, mouseY)) {
    fill(0, 0, 0, 100);
  } else {
    fill(0, 0, 255, 100);
  }
  ellipse(x2, y2, 2*r2, 2*r2);
}
```

图 3-2　鼠标的位置决定了圆形的颜色

“是与否”的逻辑判断在日常生活中比比皆是，人们甚至都不一定会意识到我们的大脑在进行逻辑判断。譬如，你听到“他不会不去”的时候，大脑会自动领会“他会去”的意思。大约 170 年前，在英格兰有位善于自学的天才乔治 • 布尔（George Boole），他觉得人类思维的一项基本法则是“布尔运算”（后人以他的名字来命名）。布尔运算基于布尔型变量，如：

```
boolean a=true;
boolean b=false;
```

其中，a 的值为 true（真），b 的值为 false（假），任何布尔型变量只能取这两种值。针对布尔型变量的运算符号有：!（非）、||（或）、&&（并且）和==（比较）。譬如：

```
println(!a);
println(!b);
```

从打印的结果可以看出，!a 的值变成了 false，而!b 的值为 true。俗话中的“负负得正”可以用以下代码来表示：

```
println( ! (!a) );
```

! (!a)的值与 a 的值永远是一样的。这符合当年布尔先生想要的“把人的思维用明确的符号表达出来”的想法。人们经常把数字之间比较大小的结果储存在布尔型变量内，如：

```
boolean a= 5<3*2;
boolean b= 5<3-2;
boolean c= (5==2+3);
println(a+","+b+","+c);
```

下面我们来解决一个数学问题：在 1～10000 的整数中，有哪些数字是 3 的倍数而且它的平方能被 1787 整除？如果用笔算工作量非常大，但如下程序可以瞬间给出答案：

```
for (int a=1; a<=10000; a++) {
   boolean s = 0==(a*a) %1787;
   boolean t = 0==a %3;
   if ( s && t)
      println(a);
}
```

代码用到了&&（并且）运算符。大家要注意=和==之间的区别，=是赋值符号（把右边的值赋给左边的变量）；而==是比较符号（得到的结果是布尔型值，即 true 或 false），不会改变变量的值。

回到两个圆形的程序，我们将鼠标是否在第一个圆圈内的判断结果储存在变量 in1 中，将鼠标是否在第二个圆圈内的判断结果放在变量 in2 中。当两个条件都满足时（in1&& in2 为 true），可使两个圆圈放大或缩小，如图 3-3 所示。

```
float x1=220;
float y1=250;
float r1=180;
float x2=600;
float y2=500;
float r2=400;
void setup() {
  size(500, 700);
}
void draw() {
  background(255);
  boolean in1=r1>dist(x1, y1, mouseX, mouseY);
  boolean in2=r2>dist(x2, y2, mouseX, mouseY);
  if (in1 && in2) {
    r1+=0.5;
    r2-=0.4;
  }
  fill(0, in1?0:255, 0, 100);
  ellipse(x1, y1, 2*r1, 2*r1);
  fill(0, 0, in2? 0:255, 100);
  ellipse(x2, y2, 2*r2, 2*r2);
}
```

图 3-3 鼠标的位置决定了圆的放大或缩小

相对于圆形，判断点在矩形内部就有些复杂了。在 3.1 节中，小球与四个边框的碰撞条件需要分别写清楚。首先，我们用四个数字来定义一个矩形的范围，程序如下：

```
float xa=100;
float ya=150;
float xb=320;
float yb=500;
void setup() {
  size(400, 600);
}
void draw() {
  background(255);
  rect(xa, ya, xb-xa, yb-ya);
}
```

xa 和 ya 是矩形左上角的坐标，而 xb 和 yb 是矩形右下角的坐标。因此，矩形的宽度是 xb-xa，高度是 yb-ya。鼠标需要满足四个条件：在左边框的右边，在右边框的左边，在上边缘的下面，在下边缘的上面，这样才能说明它在矩形内。程序如图 3-4 所示。

```
float xa=150;
float ya=100;
float xb=500;
float yb=320;
void setup() {
  size(600, 400);
}
void draw() {
  background(255);
  fill(0,255,255);
  if(xa<mouseX && mouseX<xb && ya<mouseY && mouseY<yb){
    fill(255,0,0);
  }
  rect(xa, ya, xb-xa, yb-ya);
}
```

inRectangle

图 3-4　矩形的颜色反映鼠标的位置是否在矩形内

然而，“程序猿”有另外一种思路：“在矩形内 == ！在矩形外”，即判断点是否在矩形外就能判断它是否在矩形外。因此“程序猿”写了下面的奇怪代码：

```
boolean outx= (xa-mouseX)*(xb-mouseX)>0;
boolean outy= (ya-mouseY)*(yb-mouseY)>0;
if( !(outx||outy)){
    fill(255, 0, 0);
  }
```

其中，(xa-mouseX)*(xb-mouseX)>0 概况了两种情况：鼠标在左边框左侧，或者在右边框右侧（即 xa-mouseX 与 xb-mouseX 的符号相同）。

最后介绍一种布尔型表达式，由？和：组合而成，譬如：

```
int x = a?  0 : 1;
```

如果 a（必须是 boolean 型的数据）的值为 true，右侧表达式的值为 0；如果 a 为 false，右侧表达式的值为 1。再试一下以下代码：

```
for (int i=0; i<5; i++) {
  boolean a = i%3==0;
  String x = a? "to be" : "not to be" ;
  println(i, x);
}
```

布尔先生的思考题：预测下面这个程序的打印结果。

```
for(int i=0; i<4; i++){
    boolean a= i%2==0;
    boolean b= i/2==0;
    boolean compare= !(a&&b) == !a || !b;
    println(a+","+b+ ":    "+compare);
}
```

如何用日常用语来解释 !(a&&b) 和 !a || !b 之间的关系？

3.3　好多弹球

与用纸笔画图不同，用程序来画图可以批量处理大量重复性的动作。譬如，我们之前已经用 for 循环来反复运行一段代码，而 for 循环经常需要和数组（array）一起使用才更有效。我们可以把数组想象成一排箱子，里面装的是同一类东西，譬如：

```
boolean [] a = new boolean [5];
```

定义了五个箱子（元素），里面装 boolean 型的值。第一个箱子的编号是 0，第二个的箱子的编号是 1，以此类推，程序可写为：

```
a[0]=true;
a[1]=false;
a[2] = a[0]==a[1];
a[3] = a[0]!=a[1];
a[4] = a[2] || a[3];
```

赋值给数组的某个元素，就相当于把东西放进该元素对应的箱子。当然，每个箱子里面的东西以后还可以替换，就像变量的值可以被不断修改一样。在程序员的世界里，数是从 0 开始的。数组的 length 属性表示数组的长度（箱子的个数），对应程序如下：

```
for (int i=0; i< a.length; i++)
    println(a[i]);
```

这样就可以把所有箱子里的内容依次打印出来。如果我们预先知道每个箱子里的值，可以在一行代码中同时声明数组并完成元素的赋值：

```
boolean [] a= { true, false, false, true, true };
```

for 循环可以很方便地赋值给数组的元素，以下代码把函数 y=cos(x)/x 的结果储存在一个 float 型的数组里：

```
float[] a = new float[300];
for (int i=0; i< a.length; i++) {
    float x= 0.1*( i-0.5*(a.length-1));
    a[i] = cos(x)/x;
}
```

下面我们把 sin(x)/x 和 cos(x)/x 的值分别赋予数组 a 和数组 b，随后在 draw() 中把两个数组的值显示出来。数组 a 和数组 b 的长度均为 300（包含 300 个数字），而显示窗口的宽度是 600，将数组 a 的值画在偶数列上，将数组 b 的值画在奇数数列上，如图 3-5 所示。

```
float[] a = new float[300];
float[] b = new float[300];
void setup() {
  size(600, 400);
  for (int i=0; i< a.length; i++) {
    float x= 0.1*(i-0.5*(a.length-1));
    a[i] = cos(x)/x;
    b[i] = sin(x)/x;
  }
}
void draw() {
  background(255);
  for (int i=0; i< a.length; i++) {
    line( 2*i, 0, 2*i, 200+200*a[i]);
    line( 2*i+1, 400, 2*i+1, 200+200*b[i]);
  }
}
```

图 3-5　两组波的叠加

因为 a[i]与 b[i]的值很小（范围在-1～1），所以我们在绘图时把 a[i]与 b[i]的值在垂直方向放大了 200 倍，基本撑满了整个画面。图 3-5 所示的程序展示了在 Processing 中使用数组的一种常见方式：先给数组赋值（只需要进行一次，因此写在 setup()中），然后把数组中的数据绘制出来（重复运行，因此写在 draw()中）。

使用数组的难点是正确处理数组的长度（元素的总数）及元素的编号。南宋数学家杨辉在 1261 年所著的《详解九章算法》发明了下面这样的数字阵列，下面我们尝试用数组来生成杨辉三角。

1

1 1

1 2 1

1 3 3 1

1 4 6 4 1

如果我们把每行看作一个数组，那么每行数组的长度总是比上一行增加 1。另外，每个数是上一行与之相邻的两个数之和（头和尾除外）。因此，如果上一行的数组是 int[] a，那么下一行的数组 b 可以通过如下代码来创建：

```
int[] b= new int[a.length+1];
for (int i=0; i<a.length; i++) {
  b[i]+=a[i];
  b[i+1]+=a[i];
}
```

有两点需要说明：

（1）一个整数型数值在刚创建时（第一行代码），每个元素都默认是 0。float 型数组也一样，boolean 型数组默认值是 false。

（2）该程序很小心地处理了数组元素的编号（特别是“b[i+1]+=a[i];”这一句），把头尾的特殊情况都包含了。杨辉三角完整的代码和运行结果如图 3-6 所示。

```
int[] a= {1};
int[] b;
void setup() {
  frameRate(1);
}
void draw() {
  for(int v:a)
     print(v+" ");
  println();
  b= new int[a.length+1];
  for (int i=0; i<a.length; i++) {
    b[i]+=a[i];
    b[i+1]+=a[i];
  }
  a=b;
}
```

```
1
1 1
1 2 1
1 3 3 1
1 4 6 4 1
1 5 10 10 5 1
1 6 15 20 15 6 1
1 7 21 35 35 21 7 1
1 8 28 56 70 56 28 8 1
```

图 3-6　杨辉三角的代码和运行结果

“a=b;”的意思是：把下面一行（数组 b）的值赋给数组 a，这样在下一轮计算中数组 a 的值就整体更新了。

熟悉了数组的使用之后，我们可以改写 3.1 节的弹球程序，把一个小球变成很多小球。为了方便对照，图 3-7 把两组代码叠在了一起。

图 3-7 左侧是一个弹球运动的程序，右侧是 720 个弹球运动的程序。原来的 float x（一个数）变成了 float[] x（一个数组），原来的速度 dx（一个数）也变成了数组 dx。从一个小球变成几百个小球，程序却只增加了一点点，这是因为我们很好地利用了数组与 for 循环。程序运行的部分截图如图 3-8 所示。

bounce

```
float x=350;
float y=400;
float dx, dy;

int w=700;
int h=800;
void setup() {
  size(w, h); //size(700,800)

  float speed=10;

  float ang= random(-PI, PI);

  dx=speed*cos(ang);

  dy=speed*sin(ang);
}
void draw() {
  fill(0, 10);
  rect(0, 0, w, h);
  fill(255);
  noStroke();
  ellipse(x, y, 20, 20);
  x+=dx;
  y+=dy;
  if (x>w || x<0)
    dx*=-1;
  if (y>h || y<0)
    dy= -dy;
}
```

bounceMany

```
int n=720;
float[] x=new float[n];
float[] y=new float[n];
float[] dx=new float[n];
float[] dy=new float[n];
int w=800;
int h=800;
void setup() {
  size(w, h); //size(800,800)i
  float speed=5;
  for (int i=0; i<n; i++) {
    x[i]=w/2;
    y[i]=h/2;
    float ang= i*2*PI/n;
    dx[i]=speed*cos(ang);
    dy[i]=speed*sin(ang);
  }
}
void draw() {
  fill(0, 60);
  rect(0, 0, w, h);
  fill(255);
  noStroke();
  for (int i=0; i<n; i++) {
    ellipse(x[i], y[i], 6, 6);
    x[i]+=dx[i];
    y[i]+=dy[i];
    if (x[i]>w || x[i]<0)
      dx[i]*=-1;
    if (y[i]>h || y[i]<0)
      dy[i]*=-1;
  }
}
```

图 3-7 单个弹球程序与多个弹球程序的对比

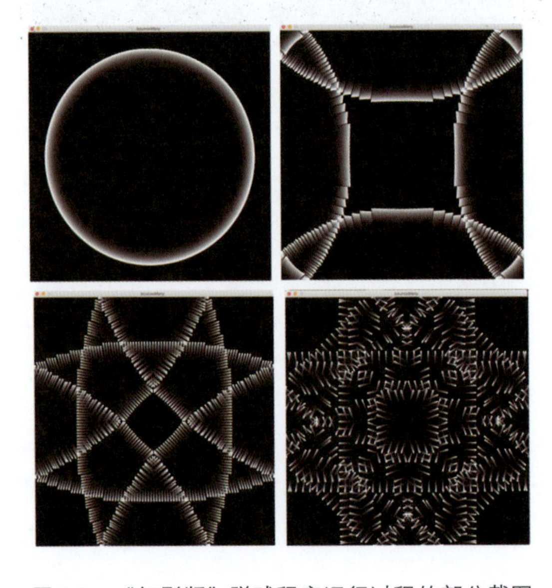

图 3-8 “幻影版”弹球程序运行过程的部分截图

在进入第 4 章之前，我们先回顾三种数据类型：

```
int a =-5;
float b= 3.14;
boolean c=true;
```

布尔型数据的四种运算符为：!、||、&&，==。

判断语句的两种常见方式如下：

```
if ( // condition A ) {
    //codes A
}

if ( // condition A ) {
    //codes A
} else {
    //codes B
}
```

定义数组的两种方式如下：

```
float[] arr = new float[64];
int[] five= {1, 2, 3, 4, 5};
```

for 循环的两种方式如下：

```
for (int i=0; i<arr.length; i++) {
      println(arr[i]);
}
for (float v: arr) {
      println(v);
}
```

我是一个平凡的像素

4.1 彩色噪声

大家是否想过面前的计算机屏幕如何显示千变万化的图像？如果凑近屏幕仔细观察，会发现屏幕是由很多点构成的，一个点发光就构成了整幅图像中的一个像素（pixel）。如今显示器的分辨率一般都在 1920 像素×1080 像素以上，即包含 200 多万像素。以前的老式黑白电视机采用逐行扫描的方式来显示图像：电子束先从左上角向右移动，然后跳跃到第二行，以此类推逐行向下扫描。电子束打在每个位置上时的强度不同，从而在屏幕上显示出灰度图像。这个过程非常快，因此人的眼睛感受到的是连续的画面。

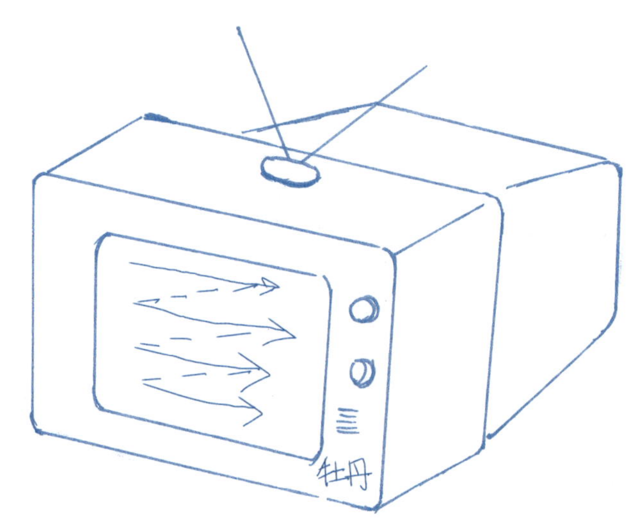

Processing 处理像素的方式和老式黑白电视机的扫描原理类似。如果设定窗口 size(4, 3)，即有 12 像素被放置在一个称为 pixels 的数组里（Processing 在后台自动创建，不需要自己写代码）。这 12 像素在屏幕上的排列方式如下。

第0行	0	1	2	3
第1行	4	5	6	7
第2行	8	9	10	11

编辑像素时需要与 loadPixels()和 updatePixels ()配合使用，格式为：

```
loadPixels();
pixels[0]= color(0, 0, 255);
pixels[1]= color(0);
pixels[2]= color(0, 255, 0);
//…
updatePixels();
```

编程的时候常常需要将行、列的序号转换为 pixels 中元素的序号，公式为：

$$元素序号= i\times w + j$$

其中，i、j 为行、列的序号；w 为屏幕的宽度。下面的代码采用了这种编号规律来生成彩色条纹：

```
int w=256;
int h=256;
void setup() {
  size(w, h); //或 size(256, 256)
  colorMode(HSB);
}
void draw() {
  loadPixels();
```

```
  for (int i=0; i<h; i++)
    for (int j=0; j<w; j++)
      pixels[i*w + j]= color( j, 255, 255);
  updatePixels();
}
```

这里出现了两个嵌套的 for 循环。第一个 for（int i=0; i<h; i++）循环遍历了所有行，第二个 for （int j=0; j<w; j++）循环遍历了所有列。这两个循环的运行过程和老式黑白电机机扫描屏幕的方式一样：

i=0 时，j=0, j=1, j=2, … 直到 j=h-1（第一行走完）;

i=1 时，j=0, j=1, j=2, … 直到 j=h-1（第二行走完）;

……

i=h-1 时，j=0, j=1, j=2, … 直到 j=h-1（最后一行走完）。

在处理颜色时，代码 pixels[i*w + j]= color(j, 255, 255)；把窗口内像素的色相（hue）与列数 j 关联，这里大家可以编写自己的涂色方式。

下面我们用 Processing 内置的 noise()方法来为窗口填色。20 世纪 80 年代，纽约大学的佩林（Ken Perlin）发明了一种数学方法来模拟云朵、水面、石材等不规则纹理，随后在计算机图形学领域广泛采用，被称为 Perlin noise（佩林噪声）。为了与 Processing 的 noise(x, y)方法对接，首先需要把行和列的序号转化为一定范围内的小数，程序如下：

```
float x= map(j, 0, w-1, 0, 1);
float y= map(i, 0, h-1, 0, 1);
float v= noise(x, y);
pixels[i*w + j]= color( 230*v, 255, 255);
```

本来 j 在 0～w-1 范围内变化，而对应的 x 在 0 到 1 之间变化。我们可以很方便地查看 map()方法的详细解释，在程序中选中 map，右击鼠标选中“find in reference”，对应的详细文档就会跳出来。大家可以用同样的方式查看 noise()方法的文档。获得合适范围内的 x、y 之后，计算对应的噪声值 v= noise(x, y)，最后与像素的色相对应起来。

有趣的是，程序每次运行的结果都不一样，如图 4-1 所示。如果想要使每次运行的结果一样，则需要调用 noiseSeed()方法。

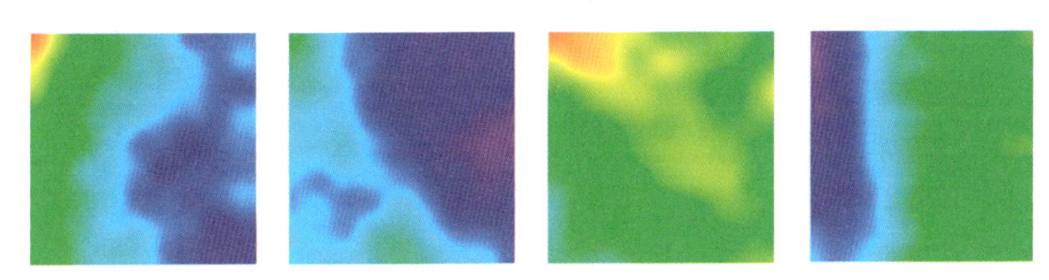

图 4-1　每次运行程序产生的随机图像都不同

佩林噪声的另一个特点是：不同的 x、y 取值范围将得到大小不同的纹理，如把参数值放大三倍，程序如下：

```
noiseSeed(66);
for (int i=0; i<h; i++) {
   for (int j=0; j<w; j++) {
      float x= map(j, 0, w-1, 0, 1);
```

```
        float y= map(i, 0, h-1, 0, 1);
        float v= noise(3*x, 3*y);
        pixels[i*w + j]= color(230*v, 255, 255);
      }
    }
```

得到的图像会很不一样。图 4-2 所示中四个截图的放大比例分别是 1:1、3:1、9:1、27:1。

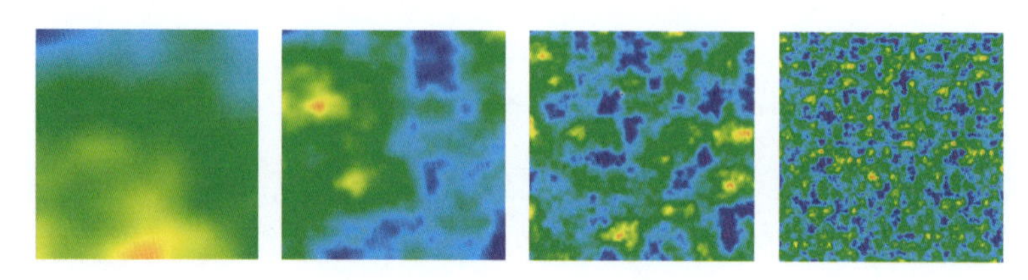

图 4-2　不同比例下的 noise 图案

简单来说，x 与 y 的范围越小，纹理就越平滑；反之则纹理越粗糙（实际上是把观察范围扩大了）。利用逐渐递增的 frameCount 值可以动态显示不同尺寸下的彩色噪声，程序如图 4-3 所示。

```
int w=720;
int h=720;
void setup() {
  size(w, h); //size(720,720)
  colorMode(HSB);
}
void draw() {
  loadPixels();
  for (int i=0; i<h; i++) {
    for (int j=0; j<w; j++) {
      float x= map(j, 0, w-1,0,1);
      float y= map(i, 0, h-1,0,1);
      float sc=0.02*frameCount;
      float v= noise(sc*x,sc*y);
      pixels[i*w + j]= color( 230*v, 255, 255);
    }
  }
  updatePixels();
}
```

图 4-3　利用 frameCount 改变 noise 图案的比例

Processing 内部编写了很多好用的方法，譬如：

```
map(value, start1, stop1, start2, stop2)
dist(x1, y1, x2, y2)
noise(x, y)
```

可以在 Processing 3 的官方文档上查阅，Processing 2 的绝大部分文档与 Processing 3 相同。

4.2 自定义方法

4.1 节介绍了组合使用 loadPixels()、pixels 数组、updatePixels()的绘图方式，对窗口中的每个像素直接赋色。下面我们用 sin 函数来指定所有像素的颜色，程序（编号为 C42_1）如下：

```
int w=720;
int h=720;
void setup() {
  size(w, h); //size(720, 720)
  colorMode(HSB);
}
void draw() {
  loadPixels();
  float r =exp(0.005*frameCount);
  for (int i=0; i<h; i++) {
    for (int j=0; j<w; j++) {
      float x= map(j, 0, w-1, -r, r);
      float y= map(i, 0, h-1, -r, r);
      float hue= map(sin(x*y), -1, 1, 10, 150);
      pixels[i*w + j]= color( hue, 255, 255);
```

```
        }
    }
    updatePixels();
}
```

上述代码采用了两个嵌套的 for 循环来遍历所有像素（i 为行序号，j 为列序号），行和列的序号被转换成数组元素的编号，即 pixels[i*w+j]。代码中用到了三次 map()方法，它把一个数从原来的取值范围映射到一个新的取值范围。譬如，sin(x*y) 本来的取值范围是-1～1，而代码“hue= map(sin(x*y), -1, 1, 10, 150)”把 hue 的取值范围变成了 10～150（该数值用于确定颜色）。为了使整个画面连续缩小（观察范围变大），代码“r = exp(0.005*frameCount);”产生了一个逐渐变大的值 r，作为 x、y 的取值范围。程序运行的部分截图如图 4-4 所示。

图 4-4　sin 函数产生的动画截图

为了更高效地写代码，经常需要定义自己所需的方法（method）。譬如我们需要计算圆的面积，就可以编写以下方法：

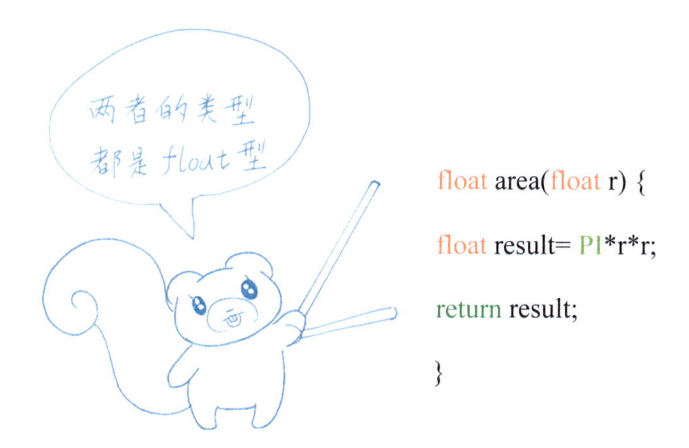


```
float area(float r) {
float result= PI*r*r;
return result;
}
```

声明方法的第一行要写明返回数据的类型（这里是 float 型）、方法的名字、输入参数的类型和个数(这里只有一个 float 型参数)。方法内的最后一句“return”后面的数据类型必须与第一行写明的返回类型相同。一种更简洁的写法是：

```
float area(float r) {
   return PI*r*r;
}
```

如果要计算矩形的面积，可以再定义一个方法：

```
float area(float w, float h) {
   return w*h;
}
```

这两个方法的名字都是 area，但两者的参数不同，Processing 会把它们看作两个互不相干的方法，这种情况称为方法的重载(overloading)。在这个例子中，我们可以简单地把方法（method）理解为数学函数，但程序中的方法还可以做很多其他事，未必是为了进行数学运算。如果你发现一段代码在程序里出现了两次以上，就应该考虑把这段代码写在一个方法内。并不是所有的方法都有返回类型，下面的程序创建了一个用来打印小数数组的方法。

```
import java.text.DecimalFormat;
DecimalFormat df= new DecimalFormat ("#.##");
void setup() {
   float[] pis= {PI, 2*PI, 3*PI};
```

```
    print(pis);
  }
  void print(float[] arr) {
    for (int i=0; i<arr.length; i++)
      println( df.format(arr[i]));
  }
```

print()方法最后一句没有用 return，因此在声明方法的第一行开头要写 void（表示该方法不返回任何数据）。代码中的 DecimalFormat ("#.##")可以使小数保留两位小数，如果要保留三位小数就写 DecimalFormat ("#.###")，以此类推。为了使用 Java 库里的 DecimalFormat 类，需要在程序开头写 import java.text.DecimalFormat 来导入这个类。Processing 基于 Java 语言，该语言于 1996 年发布，后由甲骨文（Oracle）公司管理，可以在其网站上找到 Java 语言的详细文档。

Java 方法还能返回复杂的数据类型，如数组。下面的方法返回了给定范围内的一串整数：

```
void setup() {
  println(make_array (-2, 3));
}
int[] make_array (int min, int max) {
  int[] a=new int[max-min+1];
  for (int i=0; i<a.length; i++)
    a[i]= i+min;
  return a;
}
```

make_array 方法在开头写明了返回类型是 int[]型，在方法的最后一行要返回一个 int[]型的数据。

熟悉了自定义方法后，我们再次回到屏幕像素的编程，把程序 C42_1 中的 draw()方法改写为：

```
void draw() {
```

```
    loadPixels();
    float r =exp(0.005*frameCount);
    for (int i=0; i<h; i++)
      for (int j=0; j<w; j++)
        pixels[i*w + j]= colorAt(i, j, r);
    updatePixels();
}
color colorAt (int i, int j, float r) {
    float x= map(j, 0, w-1, -r, r);
    float y= map(i, 0, h-1, -r, r);
    float hue= map(sin(x*y), -1, 1, 10, 150);
    return color(hue, 255, 255);
}
```

程序运行的结果不变，只是把计算像素颜色的代码集中放在自定义的 colorAt ()方法内。该方法的返回类型是 color，需要输入三个参数（像素的位置和参数 r）。colorAt()方法可以用来生成极其复杂的图像，在 8.3 节“悲情朱利亚”中我们会继续这个话题。

4.3　滤镜与点彩

智能手机的拍照功能一般都带有美颜和滤镜，本节就介绍 Processing 中的滤镜和像素处理。Processing 处理图片与处理展示窗口像素（pixels 数组）的方式是基本相同的。Processing 可以很方便地导入或导出图片，在程序中用 PImage 型表示图片。首先创建一个空程序并保存，再把心仪的图片放到程序文件夹中（与.pde 文件并列），然后就可以用 loadImage("***.jpg")来导入图片了，程序如下：

```
PImage img; //声明变量 ing
int w=800;  //图片宽度
int h=627;    //图片高度
```

```
void setup(){
  size(w, h);
  img = loadImage( "alp.jpg" );
}
void draw() {
  image(img, 0, 0);
}
```

如果预先知道图片的长度和宽度，在程序的开头就可以定义窗口的宽度 w 和高度 h，这样 draw()显示的图片就正好充满窗口。显示图片用 image(img, x, y); 命令，其中的 x、y 表示图片左上角的坐标。

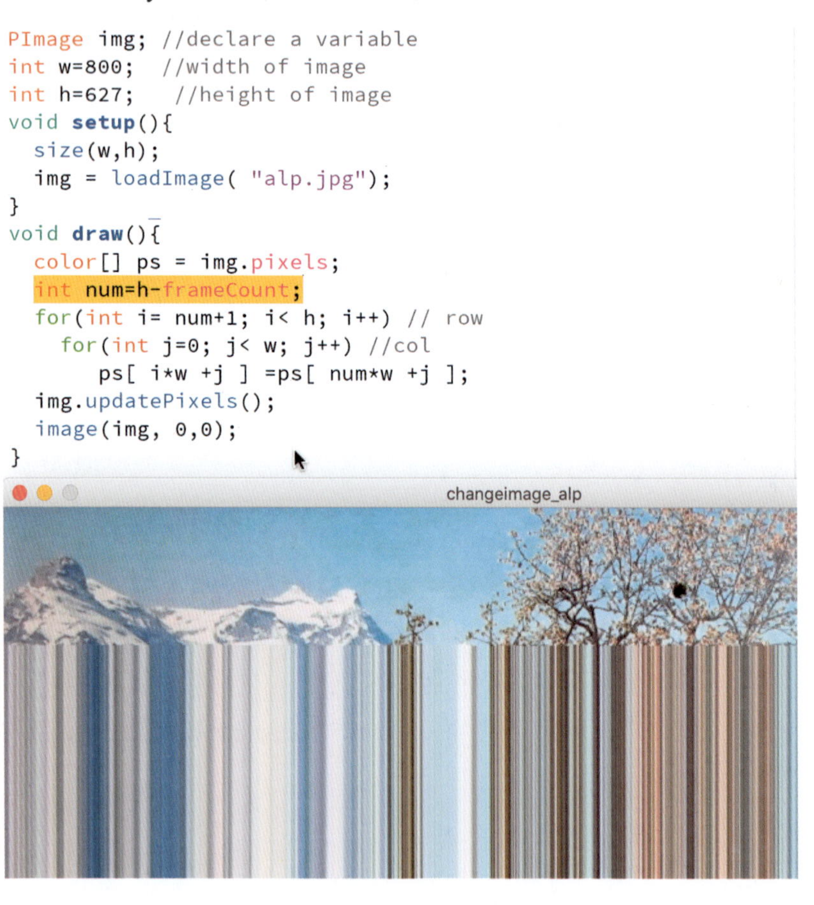

```
PImage img; //declare a variable
int w=800;  //width of image
int h=627;   //height of image
void setup(){
  size(w,h);
  img = loadImage( "alp.jpg");
}
void draw(){
  color[] ps = img.pixels;
  int num=h-frameCount;
  for(int i= num+1; i< h; i++) // row
    for(int j=0; j< w; j++) //col
       ps[ i*w +j ] =ps[ num*w +j ];
  img.updatePixels();
  image(img, 0,0);
}
```


图 4-5　垂直条纹逐渐侵蚀图片

我们可以使用 for 循环，让第 num 行以下的像素颜色等于第 num 行的像素颜色，代码及运行效果如图 4-5 所示。

在这里 num 这个数会随着帧数（frameCount）的增长而变小。在操作像素时，第一个 for 循环对应每行，而第二个 for 循环对应每列。其中，ps[i*w+j]= ps[num*w+j]把第 num 行的像素颜色赋予了第 i 行的像素，i 的范围从 num+1 到图片像素最后一行(h-1)。

Processing 内部定义了不少滤镜，如“img.filter(BLUR, r)”对图片进行模糊处理，参数 r 是模糊的半径（越大越模糊）。“img.filter(INVERT);”把图片反相，即把每个像素的颜色换成它的补色。滤镜还可以进行叠加，如图 4-6 所示的代码先对图片进行反相，再进行模糊处理。

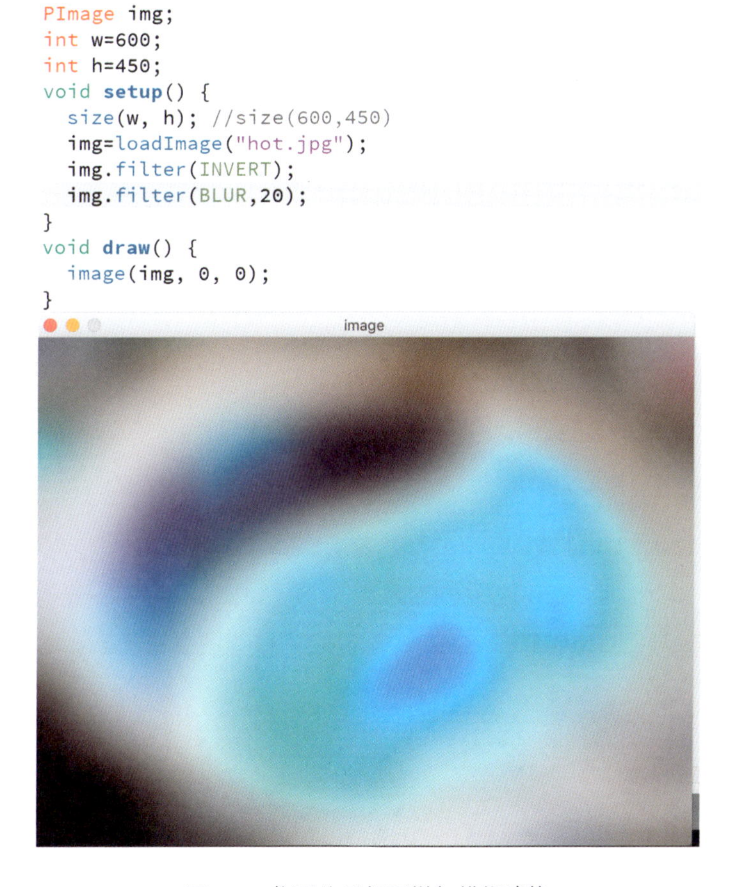

图 4-6　将图片反相再增加模糊滤镜

滤镜代码写在 setup()方法中，因此滤镜的作用仅发挥一次。如果把滤镜代码写在 draw()方法中，图片就会连续地发生变化。

我们经常需要把自己的作品保存成图片，这时就要用到 keyPressed()方法了。首先通过下面这段简短的代码来了解 keyPressed()方法：

```
boolean active=false;
void setup() {
  size(600, 450);
}
void draw() {
  background(0, active? 255:0, 0);
}
void keyPressed() {
  active= !active;
}
```

其中，background(0, active? 255:0, 0)是一种浓缩式代码，它相对于以下代码：

```
if(active)
   background(0, 255, 0);
else
   background(0, 0, 0);
```

按下键盘上的任意键，窗口的颜色就会转换（绿色或黑色）。程序开头定义了 boolean 型变量 active，而按键会触发 keyPressed()方法，进而执行 active= !active（把 active 的值反转）。窗口的背景颜色取决于 active 的值。

setup()、draw()和 keyPressed()三种方法被触发的机制各不相同。setup()方法在程序启动时（展示窗口弹出时）运行一次；draw()方法则会反复运行（约每秒 60 次）；而 keyPressed()只有在键盘被按下时才会运行一次。

想要把窗口显示的内容保存成图片，可以在 keyPressed()方法中调用 save()方法，程序如下：

```
PImage img;
int w=600;
int h=450;
boolean saveNow=false;
void setup() {
  size(w, h); //size(600, 450)
  img=loadImage( "hot.jpg" );
}
void draw() {
  image(img, 0, 0);
  img.filter(BLUR, 2);
}
```

```
void keyPressed() {
  if ( 's' ==key || 'S'==key)
    save( "hot"+frameCount+ ".jpg" ) ;
}
```

一旦按下 s 键，窗口内显示的内容就会被保存到文件夹内。keyPressed()方法内部的 if 语句用来判断 s 键（区分大小写）是否被按下，如果是就保存图片。可以多次按下 s 键，从而保存多张图片。为了不让后面保存的图片覆盖之前保存的图片，我们用 frameCount 给每张图片取一个不同的名称。

图片是由像素构成的，所有像素都存放在 img.pixels 数组里（img 是 PImage 型的实例）。img.pixels 中的每个元素（像素）都是一个 color 型的变量，我们可以提取它的红、绿、蓝成分，代码如下：

```
color col= img.pixels [i];
float r= red(col);
float g= green(col);
float b= blue(col);
```

改变这些颜色成分就能改变整张图片的样子，这种批量化处理图片的程序就是滤镜。如图 4-7 所示的程序实现了红←255-3*绿、绿←0.7*红的滤镜：

该程序导入了一张图片 img1，同时又创建了一张图片“img2 = createImage(w, h, RGB);”，把图片 img1 的像素颜色进行处理后赋给 img2 的像素。最后 draw()方法把两张图片都显示出来。

我们可以在程序中自定义一个衡量颜色的函数（方法），如下面这个方法可以衡量颜色的红、绿、蓝成分之间的差异：

```
float dif(color col) {
  float r = red(col);
  float g = green(col);
  float b = blue(col);
  return abs(r-g)+abs(g-b)+abs(b-r);
}
```

一种颜色的 dif 值越大，说明颜色越鲜艳，反之颜色就越黯淡。

```
PImage img1, img2;
int w=600;
int h=450;
void setup() {
  size(w/2, h); //size(300,450)
  img1=loadImage("hot.jpg");
  img2=createImage(w, h, RGB);
  color[] ps1=img1.pixels;
  color[] ps2=img2.pixels;
  for (int i=0; i<ps1.length; i++) {
    color col= ps1[i];
    float r= red(col);
    float g= green(col);
    float b= blue(col);
    ps2[i]= color(255-3*g, 0.7*r, b);
  }
  img2.filter(BLUR, 7);
}
void draw() {
  background(255);
  image(img1, 0, 0, w/2, h/2);
  image(img2, 0, h/2, w/2, h/2);
}
```

PlayImage

图 4-7 通过自定义的滤镜来改变图片颜色

用像素来绘图的艺术传统可以追溯到 19 世纪末的巴黎。年轻的乔治 • 修拉（Georges Seurat）离开法国美术学院加入军队，归来后他开始尝试一种“点彩”画法，创作了《大碗岛的星期天下午》，细看画面上都是杂乱的彩点，但远看却呈现出身临其境的光感。他不是在调色盘里混合颜色，而是让观察者的眼睛来混合颜色。

下面我们来编写一个交换像素的游戏：先选择任意一列中的任意两个像素（它们在一条竖线上），如果上方像素的鲜艳度高于下方像素，就交换这两个像素。这里的判断条件可以写为：

```
if ( (i1-i2) * (dif(c1)-dif(c2))<0 ){
    //交换两个像素的颜色
}
```

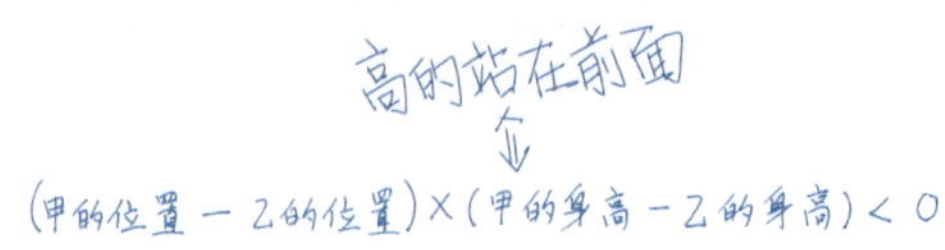

其中，i1、i2 是两个像素所在行的序号，c1、c2 是两个像素的颜色。

如何随机地产生行的序号呢？我们可以利用 random()方法：

```
int i1= int(random(h));
int i2= int(random(h));
```

有一点麻烦的是，random()返回的是 float 型数字（小数），而行的序号是 int 型数字(整数)，因此需要用 int()方法把小数转化为整数。为了更好地组织代码，我们把交换像素的代码都放在 swapPixels()方法中，然后在 draw()方法中调用 swapPixels()方法，程序如下：

```
PImage img;
int w=600;
int h=450;
void setup() {
   size(w, h); //size(600, 450)
   img=loadImage( "hot.jpg" );
```

```
}
void draw() {
  for (int i=0; i<30; i++)
    swapPixels();
  image(img, 0, 0);
}
void swapPixels() {
  for (int j=0; j<w; j++ ) {
    int i1= int(random(h));
    int i2= int(random(h));
    color c1= img.pixels[ i1*w+j ];
    color c2= img.pixels[ i2*w+j ];
    if ( (i1-i2) * (dif(c1)-dif(c2))<0 ){
        img.pixels[i2*w+j] = c1;
        img.pixels[i1*w+j] = c2;
    }
  }
  img.updatePixels();
}
float dif(color col) {
  float r = red(col);
  float g = green(col);
  float b = blue(col);
  return abs(r-g)+abs(g-b)+abs(b-r);
}
```

程序运行时，可以看到，颜色鲜艳的像素会往向下沉，颜色黯淡的像素会向上浮，最后逐渐形成一张抽象画（见图 4-8）。整张图片的像素并没有发生变化，但这些像素的位置发生了变化。

图 4-8　鲜艳的像素下沉，黯淡的像素上浮

4.4　图像重绘

很多人学绘画是从素描开始的。画素描时，我们要根据所观察物体每个局部的明暗来决定排线的深浅和疏密。基于一张图片，我们可以用程序进行排线，形成一种类似素描的视觉效果。如果每个像素上都绘制一根线段，那整个图面会太密实，所以要间隔地进行像素采样与线段绘制：

```
for (int i=0; i<h; i+=2) {
  for (int j=0; j<w; j+=2) {
    // 像素采样与线段绘制
  }
}
```

注意：其中的 i+=2 和 j+=2 使 for 循环只处理偶数行和偶数列的像素。如果图片较大也可以采用更大的间距，如 i+=4 和 j+=4。提取图片上任意一点的颜色可以用代码“color col=img.pixels[i*w+j];”，而获取颜色的亮度可以用 brightness()方法。此外 red()、green()、blue()方法可以提取颜色的红、绿、蓝成分。下面这个程序根据颜色的亮度来确定线段的长度，根据红色成分来决定线段的方向：

```
PImage img;
int w=800;
int h=627;
```

```
void setup() {
  size(w, h); //size(800, 627)
  img=loadImage( "alp.jpg" );
  img.filter(BLUR, 2);
}
void draw() {
  background(255);
  stroke(0, 35);
  for (int i=0; i<h; i+=2) {
    for (int j=0; j<w; j+=2) {
      color col= img.pixels[i*w+j];
      float r= 0.08*(255-brightness(col)) ;
      float ang=red(col)*PI/255;
      line(j, i, j+r*cos(ang), i+r*sin(ang));
    }
  }
}
```

线段的方向在 0°～180°之内变化，红色成分越多则角度越大："ang=red(col)*PI/255"。而"r=0.08*(255-brightness(col))"这句代码说明：像素越亮线段越短，0.08 这个系数可以根据图面效果进行调节。这句代码也可以写为："map(brightness(col), 0,255,20,0);"。

此外，程序对原始图片进行了模糊处理 img.filter(BLUR, 2)，可以使素描线条更整齐（同时将损失细节），模糊半径为 2 时产生的结果如图 4-9（a）所示，模糊半径为 4 的结果如图 4-9（b）所示。此外，我们还可以把 filter(BLUR, 2)写在 draw()方法中，运行时图片会逐渐变得模糊，而素描效果也会随之变化，代码如图 4-10 所示。

（a）模糊半径为 2

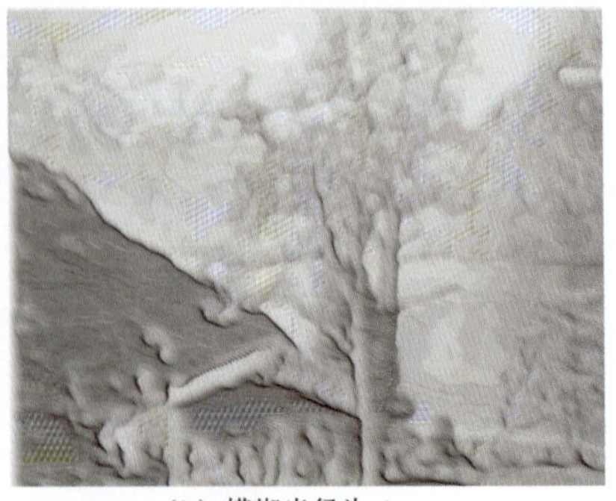

（b）模糊半径为 4

图 4-9　不同模糊半径的素描效果

```
PImage img;
int w=800;
int h=627;
void setup() {
  size(w, h); //size(800,627)
  img=loadImage("alp.jpg");
}
void draw() {
  background(255);
  stroke(0, 35);
  for (int i=0; i<h; i+=2) {
    for (int j=0; j<w; j+=2) {
      color col= img.pixels[i*w+j];
      float r=  0.08*(255-brightness(col)) ;
      float ang=red(col)*PI/255;
      line(j, i, j+r*cos(ang), i+r*sin(ang));
    }
  }
  img.filter(BLUR, 2);
}
```

图 4-10　动态变化素描效果的代码

用程序生成素描的效果，相当于创建了一种图片滤镜。我们可以用手机拍摄一张照片，然后在 Processing 中进行处理，就能得到一张素描作品。我们不仅可以用线段来表现明暗，还可以用圆形、三角形、矩形等图元来重新绘制图片。下面这个程序就采用了最简单的圆形来绘制图片，采样的间距为 12（很稀疏）：

```
PImage img;
int w=800;
int h=627;
void setup() {
```

```
    size(w, h); //size(800, 627)
    img=loadImage( "alp.jpg" );
}
void draw() {
    background(255);
    fill(0);
    noStroke();
    for (int i=0; i<h; i+=12) {
        for (int j=0; j<w; j+=12) {
            color col= img.pixels[i*w+j];
            float r= 15*sin(0.5*PI*brightness(col)/255) ;
            ellipse(j, i, r, r);
        }
    }
}
```

圆形的大小由像素的亮度决定：

```
r= 15*sin(0.5*PI*brightness(col)/255)
```

因此得到的直径 r 是可正可负的。其中，系数 0.5 在很大程度上决定了整个图面的效果。系数为 0.5 时的效果如图 4-11（a）所示，系数为 1.4 时的效果如图 4-11（b）所示。比较图 4-11 中的两个图可以发现，明暗的分布规律大相径庭，这是 sin()函数作用的结果。我们可以把这个关键系数设为 s：

```
float r= 15*sin(s*PI*brightness(col)/255);
```

然后把 s 与鼠标位置对应起来：

```
float s=map(mouseX, 0, w, 0.5, 1.5);
```

（a）系数为 0.5

（b）系数为 1.4

图 4-11　不同系数产生不同的画面效果

最终的代码如图 4-12 所示。

```
PImage img;
int w=800;
int h=627;
void setup() {
  size(w, h); //size(800,627)
  img=loadImage("alp.jpg");
  img.filter(BLUR, 2);
}
void draw() {
  background(255);
  fill(0);
  noStroke();
  float s=map(mouseX,0,w, 0.5,1.5);
  for (int i=0; i<h; i+=12) {
    for (int j=0; j<w; j+=12) {
      color col= img.pixels[i*w+j];
      float r= 15*sin(s*PI*brightness(col)/255);
      fill(0, 255-red(col));
      ellipse(j, i, r,r);
    }
  }
}
```

图 4-12　鼠标控制图像风格

该程序把（导入的原始图片的）像素的明暗转换为圆形的尺寸，而圆形的尺寸又决定了图像局部的明暗效果。这种转换可以改变原始图片的整体风格或细部特征。

本章把图画当作密布的像素，而第 5 章将用另一种完全不同的工具——向量进行创作。

进阶部分

PVector

5.1 类

“两只老虎，两只老虎，跑得快，跑得快。一只没有耳朵，一只没有尾巴，真奇怪！真奇怪！”人们在幼儿时期就明白了“类”的概念：众多个例属于一类事物。这个概念如此显而易见，以至于人们往往会忽视它。而在编程的世界里，类（class）是一个必不可少的概念，属于同一类的个体被称为该类的实例（instance）。

“类”是人为规定的结果，未必完全符合客观事实，也可能引发“白马不是马”的悖论。在程序语言的虚拟世界中，人们完全可以根据自己的需要来定义各种各样的类。但我们首先要分清“类”的名称和“实例”的名称，如导入图片时用的代码：

```
PImage img=loadImage( "hot.jpg" );
```

其中，PImage 是类的名称，而 img 是该类一个实例的名称。PImage 这个名字是固定的，它是由 Processing 程序预先定义好的类。而 img 这个实例的名称是可以随意修改的，它可以叫 pic，也可以叫 tuPian，等等。如果在同一处创建了某个类的多个实例，通常可以采用数字后缀来区分不同的实例，如：

```
PImage img0=loadImage( "hot.jpg" );
PImage img1=loadImage( "alp.jpg" );
PImage img2=loadImage( "..." );
```

类的好处在于，每个实例可以直接使用这个类的属性（field）和方法（method）。属性表明这个类（的实例）的各种状态，而方法表明这个类（的实例）能干什么。譬如，Processing 的官方说明文档中显示 PImage 类有以下三个属性：

（1）height：int 型，表示图片的高度（竖直方向上的像素点数量）。

（2）width：int 型，表示图片的宽度（水平方向上的像素点数量）。

（3）pixels[]：color 型的数组，包含图片中每个像素的颜色。

PImage 类的方法包括以下几种：

（1）updatePixels()：用 pixels[]中的数据来更新图片。

（2）get(x, y)：获取(x, y)处的颜色，返回一个 color 值。

（3）set(x, y, col)：设置(x, y)处的颜色为 col，等同于 pixels[y*width+x] =col。

（4）filter()：应用滤镜，如反相 filter(INVERT)、高斯模糊 filter(BLUR, 3)，等等。

（5）save(filename)：把图片保存在本地文件夹内，如 save(“my.png”)。

（6）resize(w, h)：把图片缩放到宽度为 w，高度为 h。

这里面有些方法没有参数，如 updatePixels()；有些方法需要参数；而有些方法的参数数量不是唯一的，如 filter()可以有一个参数或两个参数。下面这个程序导入两张图片，应用滤镜，再保存图片。

```
void setup(){
  PImage img0=loadImage( "hot.jpg" );
  PImage img1=loadImage( "alp.jpg" );
  img0.filter(BLUR, 10);
  img1.filter(INVERT);
  img1.resize(img1.width/2, img1.height/2 );
  img0.save( "hot_blur.tif" );
  img1.save( "alp_inv.png" );
}
```

其中有点复杂的一行代码是“img1.resize(img1.width/2, img1.height/2);”，因为它先提取了图片 img1 的属性（width 和 height）进行数学运算（除以 2），最后由 img1 这个实例调用 resize()方法来实现缩放。

使用类可以给编程带来很多便利，特别是程序员可以创建自己的类。但我们暂且只讨论如何使用 Processing 或 Java 既有的类。Processing 自带了一个非常有用的类 PVector（Processing Vector 的缩写），代表二维空间或三维空间中的向量。二维向量代表平面中的箭头。如下图中的箭头长度是 5，在水平方向的投影长度是 4，在垂直方向的投影长度是 3。代码如下：

```
PVector a=new PVector(4, 3);
float mag=a.mag();
```

```
println(mag);
```

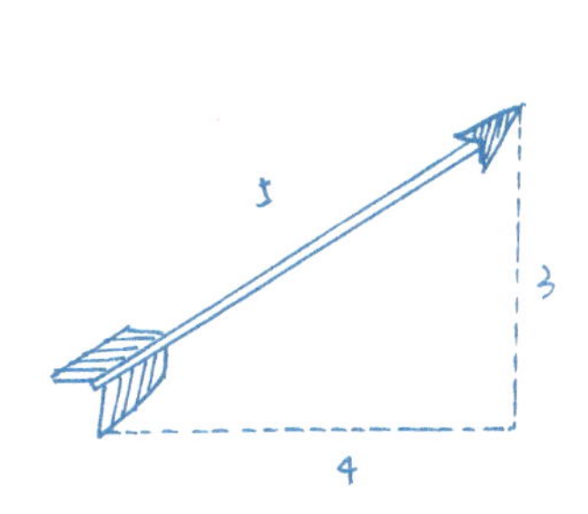

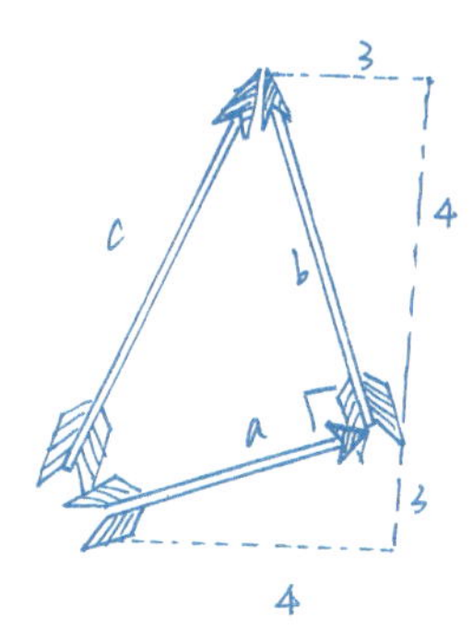

程序运行后会在控制台打印出 5.0 这个值。创建实例时需要用 new 关键字。new PVector(4, 3) 这部分代码创建了 PVector 的一个实例，这个实例通过“=”赋予变量 a，这个变量的名字可以自己定，换句话说，我们可以任意命名一个新创建的实例。而 mag()是 PVector 类获取箭头长度的方法。

选中代码中的 PVector 字样右击鼠标，弹出菜单，选择 find in reference，就能打开 PVector 的说明文档。PVector 有以下三个属性：

（1）x：float 型，箭头在水平方向上的投影长度。

（2）y：float 型，箭头在垂直方向上的投影长度。

（3）z：float 型，箭头在 z 坐标轴上（三维空间）的投影长度。

PVector 的方法非常多，常用的有加法 add()、减法 sub()、求向量长度 mag()、归一化 normalize()、线性差值 lerp()，等等。用箭头表示向量，首先需要了解一下向量的加法。如上图所示，两个箭头 a 和 b 头尾相接，那么箭头 c 等于箭头 a+箭头 b。这里 a、b 两个箭头正好垂直，因此代码可以这样写：

```
PVector a=new PVector(4, 3);
PVector b=new PVector(-a.y, a.x);
PVector c= PVector.add(a, b);
println(a, b, c);
```

想要让两个长度相同的箭头相互垂直，只要交换它们的 x、y 值并添加一个负号即可。因此箭头 b 有 (-a.y, a.x)或(a.y, -a.x) 两种可能性，前者符合图中的 b。在 5.2 节“线性代数”中，我们会用点乘（dot product）的方式来说明相互垂直的关系。

PVector.add(a, b)这一行代码把两个箭头相加，但不会改变 a 或 b 的值。最后打印出来的三个向量的数据为：[4.0, 3.0, 0.0] [-3.0, 4.0, 0.0] [1.0, 7.0, 0.0]。另外一种加法的代码为：

```
PVector a=new PVector(4, 3);
PVector b=new PVector(-a.y, a.x);
b.add(a);
println(a, b);
```

这里箭头 b 自身加上了箭头 a，箭头 b 最后变成了[1.0, 7.0, 0.0]，与上一种方式里的向量 c 相等。

下面我们用 PVector 数组来表示北斗七星的形状，北斗七星一年四季绕着北极星旋转，下面的程序分两步走。

（1）把北斗七星中的第一颗星（天枢）放在坐标原点(0, 0)，用从原点出发的六个箭头来确定其他六颗星的位置，程序如下：

```
PVector[] vs=new PVector[7];
void setup() {
  size(560, 450);
  vs[0]=new PVector();
  vs[1]=new PVector(32, 0);
  vs[2]=new PVector(44, 45);
  vs[3]=new PVector(21, 58);
  vs[4]=new PVector(17, 90);
  vs[5]=new PVector(12, 115);
  vs[6]=new PVector(30, 150);
}
```

（2）把北斗七星平移到正确的位置（以北极星为中心，即北极星在坐标原点），并使它们绕着北极星旋转，程序如下：

```
void draw() {
  background(0);
  fill(255, 255, 220);
  translate(width/2, height/2);
  float d= random(4, 13);
  ellipse(0, 0, d, d);
  PVector shift= new PVector(vs[1].x*5, 0);
  for (PVector v : vs) {
    PVector p= PVector.add(v, shift);
    p.rotate(-frameCount*0.005);
    d= random(4, 13);
    ellipse(p.x, p.y, d, d);
  }
}
```

因为天枢星（vs[0]）与北极星之间的距离大约是天枢星与天璇星（vs[1]）之间距离的 5 倍。因此上面的代码指定了一个平移向量 shift，它的 x 值是 vs[1].x 的 5 倍。然后在 for 循环内部，用向量 shift 分别对七颗星进行平移，再用 rotate 方法实现旋转。

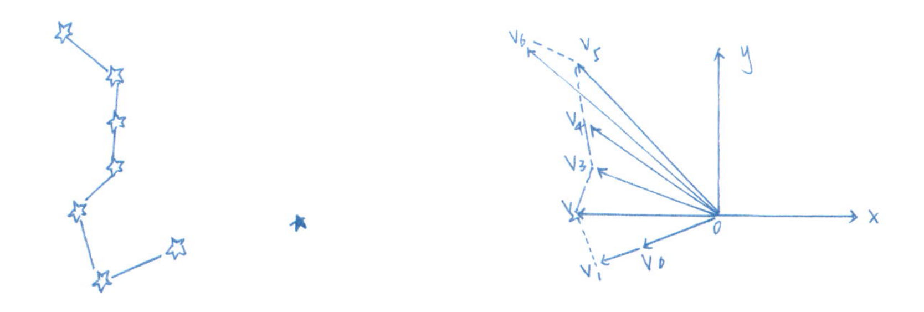

代码“p.rotate(-frameCount*0.005);”让实例 p（每颗星平移后的位置）调用 rotate 方法，rotate 方法的参数为弧度（对应旋转的角度），我们让该参数和不断

变化的帧数（frameCount）关联起来，从而实现匀速旋转。rotate()内参数的正负号决定了旋转的方向（顺时针或逆时针）。

在 for 循环的最后，我们用画圆的方式把七颗星显示出来。让圆圈的大小等于一个实时产生的随机数，产生一闪一闪的效果，如图 5-1 所示。

图 5-1　旋转的北斗七星

本节介绍了“类”的使用。除了我们用过的 PImage 和 PVector 两个类，Processing 自带的类还包括 ArrayList（长度可变的数组）、XML、PFont（字体）、Table（csv 表格），等等。本书默认使用 Processing 2 版本的类，而 Processing 3 和 Processing 4 的类有一些微小的区别。

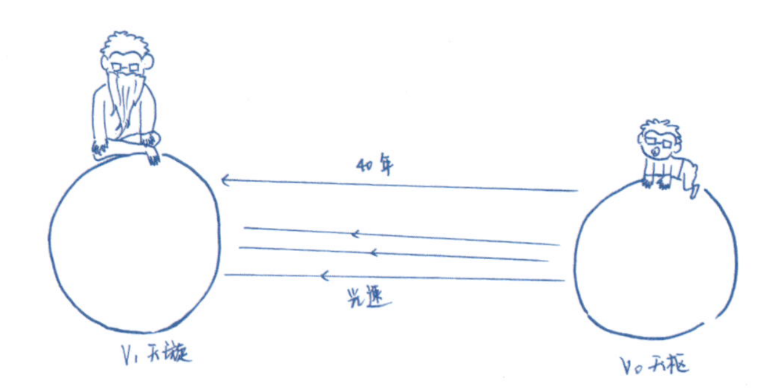

5.2　线性代数

接着 PVector 类的话题，本节介绍与向量密切相关的线性代数。几何、数学、代码是生成艺术的三大基石，而向量是把这三者结合起来的很好的例子。人们比较习惯用一个数来描述点的位置，对向量则比较陌生。在二维的平面内，用 x、y 两个数来表示点和用一个向量来表示点，似乎没有什么本质区别。但线性代数促使人“偷懒”。譬如，如果要完整表达两个向量的相加，需要用矩阵格式（下图中的方括号表示法），但把这些矩阵用 **a**、**b**、**c** 表示后整个公式就会变得非常简洁。

$$\begin{bmatrix}1\\7\end{bmatrix} = \begin{bmatrix}4\\3\end{bmatrix} + \begin{bmatrix}-3\\4\end{bmatrix}$$

$$c = a + b$$

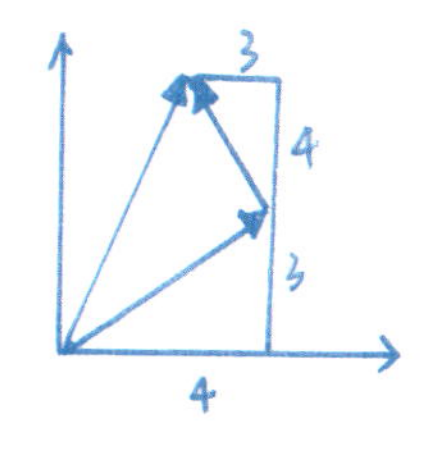

以上这两种表达方式，在 Processing 中有对应的写法。矩阵格式的运算等价于分别计算 x、y 值：

```
float x = 4 + (-3);
float y = 3 + 4;
```

而公式 **c**=**a**+**b** 的代码为“PVector c=PVector.add(a, b);”。其中，a、b、c 均为

向量。也就是说，一旦点的数据储存在 PVector 类的一个实例中，我们就可以直接调用 add()、sub()等方法进行各类数学运算了，而不必操心具体的运算过程。这能使代码变短，减少书写错误。

如果将上图中的问题看作一个几何问题，则需要考虑角度、方位、大小等因素。但如果把这个问题看作一个代数（algebra）问题，那么它就是一个简单的移位变号操作。而且，实现 a=c-b 这个运算的代码也非常简单，即“PVector a=PVector.sub(c, b);”。注意，加法有以下两种情况：

（1）c 减 b，产生一个新的向量 a，但 c 不变，就要采用 PVector.sub(,)方法。

（2）c 减 b，就采用 c.sub(b)。

古希腊数学家、哲学家毕达哥拉斯（Pythagoras）发现了一个定理：直角三角形斜边的平方=两条直角边的平方和，即我们熟知的勾股定理。对一个二维向量 **v** 来说就是：

$$||\mathbf{v}||^2 = v_1^2 + v_2^2$$

这是数学表达式，$||\mathbf{v}||$表示向量 **v** 的长度；v_1 和 v_2 分别表示向量 **v** 在 x 坐标轴和 y 坐标轴上的投影。在上述等式两边加上根号后等式依然成立，再用代码来表示：

```
v.mag() == sqrt(v.x*v.x + v.y*v.y)
```

代码 v.mag()将返回向量的长度。而 sqrt()是开平方操作。

在熟悉了向量的加减法和长度之后，大家或许会想：两个向量可以相乘吗？可以！而且线性代数中有两种乘法：点乘（dot product，数学中用小圆点“·”表示）和叉乘（cross product，数学中用叉号“×”表示）。这里我们只介绍点乘（点积或内积），它主要用来表示一个向量在另一个向量上的垂直投影，如下图所示。

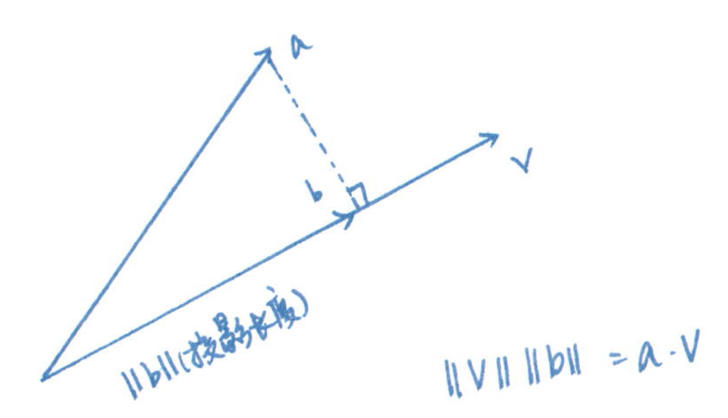

上图中有一个奇妙的公式，它的意思是：向量 ***v*** 的长度乘以投影的长度=向量 ***a*** 点乘向量 ***v***。换句话说，投影长度=***a*** 点乘 ***v*** 除以||***v***||。因此，求 ***a*** 在 ***v*** 上垂直投影的长度的代码为：

```
float dot=a.dot(v);          //点乘
PVector b=v.get();           //把 v 复制一份，赋给 b
b.setMag(dot/v.mag());       //把 b 的长度设置为投影的长度
```

下面这个程序先随机产生一个向量 ***v***，然后根据鼠标位置来确定向量 ***a***，再用上面这个方法来求投影向量 ***b***，最后绘制垂直线。

```
PVector v;
void setup() {
  size(600, 600);
  v= PVector.random2D();
  v.mult( random(100, 300));
}
void draw() {
  background(255);
  translate(width/2, height/2);
```

```
    PVector a=new PVector(mouseX-width/2, mouseY-height/2);
    stroke(0);
    line(0, 0, a.x, a.y);
    stroke(200);
    line(0, 0, v.x, v.y);
    float dot=a.dot(v);
    PVector b=v.get();
    b.setMag(dot/v.mag());
    stroke(255, 0, 0);
    line(a.x, a.y, b.x, b.y);
}
```

上述程序的 draw()部分首先采用 translate(width/2, height/2)命令把整个画布的原点移动到屏幕中央，在创建鼠标控制的向量 a 时也要进行相应的处理：new PVector(mouseX-width/2, mouseY-height/2)。

上述程序的 setup()部分采用 PVector.random2D()方法来创建一个长度为 1 的随机向量（方向是随机的），然后用 mult()方法把这个向量缩放到一个随机长度。现在我们可以总结一下创建向量的方式：

（1）PVector a=PVector.random2D(); //方向随机，长度为 1。

（2）PVector a=new PVector(); //数值为 0、0、0。

（3）PVector a=new PVector(x, y); //数值为 x、y、0。

（4）PVector a= v.get(); //复制其他向量的数值。

下面我们对已有代码进行一个简单扩展，把随机向量 v 扩展成多个随机向量（数组 PVector[] vs），代码和运行结果如图 5-2 所示。

图 5-2 中的红色线段呈现出一个圆形轮廓，以同一根线段为斜边的所有直角三角形自然形成一个圆（圆的直径即为三角形斜边）。

之前都是用鼠标来确定向量 a 的，我们也可以从数组 PVector[] vs 中任选一个向量 vs[i]，把这个向量投影到其他所有向量上。代码大致如下：

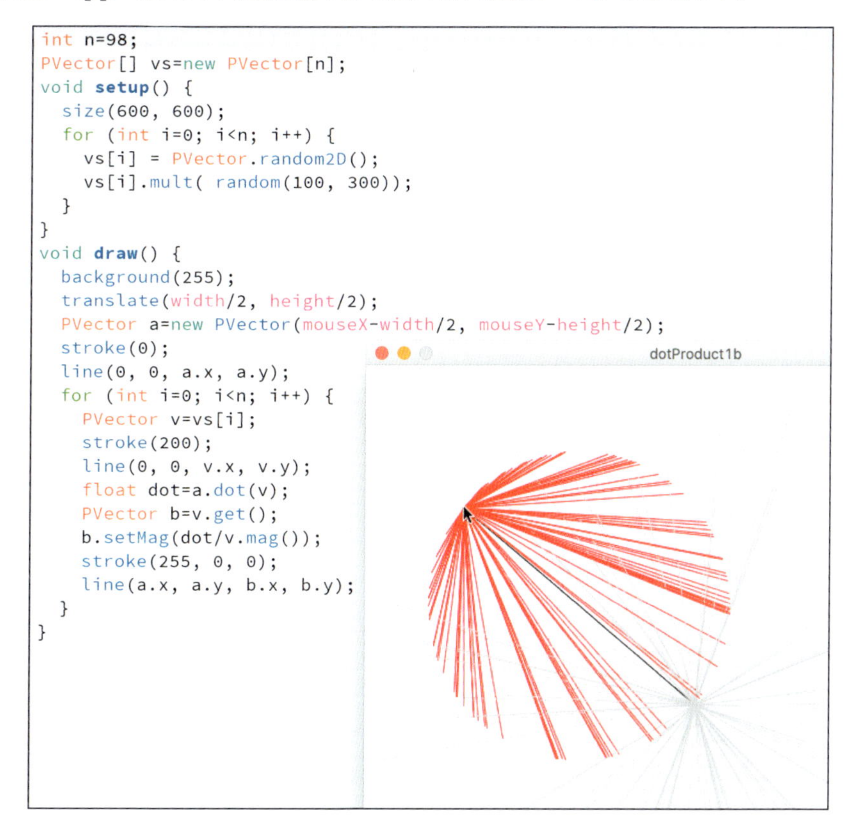

```
int n=98;
PVector[] vs=new PVector[n];
void setup() {
  size(600, 600);
  for (int i=0; i<n; i++) {
    vs[i] = PVector.random2D();
    vs[i].mult( random(100, 300));
  }
}
void draw() {
  background(255);
  translate(width/2, height/2);
  PVector a=new PVector(mouseX-width/2, mouseY-height/2);
  stroke(0);
  line(0, 0, a.x, a.y);
  for (int i=0; i<n; i++) {
    PVector v=vs[i];
    stroke(200);
    line(0, 0, v.x, v.y);
    float dot=a.dot(v);
    PVector b=v.get();
    b.setMag(dot/v.mag());
    stroke(255, 0, 0);
    line(a.x, a.y, b.x, b.y);
  }
}
```


图 5-2　红色垂线构成一个圆形

```
PVector a=vs[i];  //从数组中挑选第 i 个向量（如 i=0）
for (int j=0; j<n; j++) { //遍历数组内的每个向量
  PVector v=vs[j];
  //把 a 投影到 v 上
}
```

完整的代码详见本书代码资料包中的 GA5_2_3，程序运行的某一时刻如图 5-3 所示。

图 5-3　向量投影产生的图形

练习题

一个小球撞击到墙面后，反弹的方向类似镜面反射（暂时忽略空气阻力、小球自转等问题）。如下图所示，小球的初始速度向量是 ***a***，反弹后的速度向量是 ***b***，墙面的方向用向量 ***v*** 来表示。

问题：如何用 ***a*** 和 ***v*** 来表示 ***b***？即把等式 ***b***=？写完整。

写出表达式后，用代码验证得出的公式是否正确。

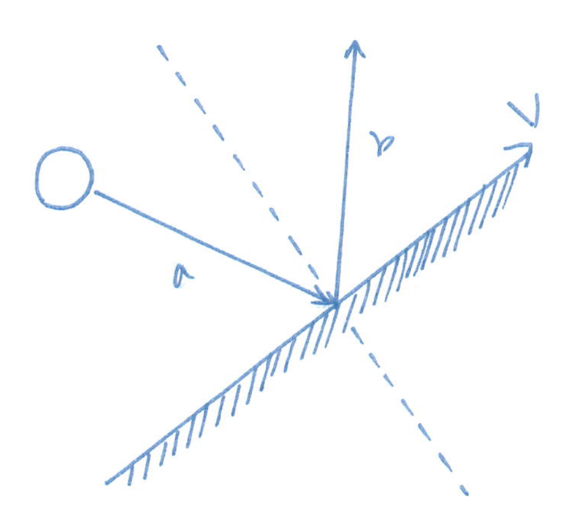

5.3　力

前面两节介绍了 Processing 中向量的用法。5.2 节的练习题讨论了一种常见的物理现象，即小球在任意角度的墙面上反弹的问题。实际上，向量可以帮助我们模拟很多物理现象。3.1 节的弹球程序模拟了一种非常简单的力：小球遇到墙壁就被反弹回来。原来的代码（处理左右两侧的碰撞）是这样的：

```
if (x>w || x<0) {
  dx*=-1;
}
```

其中，x 表示小球的 x 坐标；dx 表示小球在水平方向上的速度。如果用 PVector 来表示小球，代码会变为：

```
if (p.x>w || p.x<0) {
  d.x*=-1;
}
```

其中，向量 p 表示小球的位置；向量 d 表示小球的速度。力的作用被抽象成数学表达式 d.x*=-1。按照以上方式，弹球程序的向量版程序为：

```
PVector p=new PVector(350, 400);
PVector d;
int w=700;
int h=800;
void setup() {
  size(w, h); //size(700, 800)
  d=PVector.random2D();
  d.mult(10);   //速度为 10
}
void draw() {
  fill(0, 10);
  rect(0, 0, w, h);
  fill(255);
  noStroke();
  ellipse(p.x, p.y, 20, 20);
  p.add(d);
  if (p.x>w || p.x<0) d.x*=-1;
  if (p.y>h || p.y<0) d.y= -d.y;
}
```

在初始化小球的速度向量时，我们先用 PVector.random2D() 创建一个方向随机但长度为 1 的向量，再把它的长度设为 10。处理速度时，原始的代码为“x+=dx; y+=dy;”，而 PVector 版本只需要一句“p.add(d);”。

在 3.3 节中，我们实现了多个弹球同时运动（详见本书代码资料包中的 GA_3_3_3），程序开头用了四个数组：

```
float[] x=new float[n];
float[] y=new float[n];
float[] dx=new float[n];
float[] dy=new float[n];
```

如果改用 PVector 来表示位置和速度，只需要创建两个数组：

```
PVector[] ps=new PVector[n];
PVector[] ds=new PVector[n];
```

整个弹球程序的 PVector 版本详见本书代码资料包中的 GA5_3_2。该程序的运行效果和 3.3 节的一样，但是代码更有条理了。

下面这个例子模拟了一个稍微有点复杂的物理场景，程序运行的结果如图 5-4 所示。

（1）一推彩色气球在空中随机漂浮，其中一个气球的位置由鼠标控制。

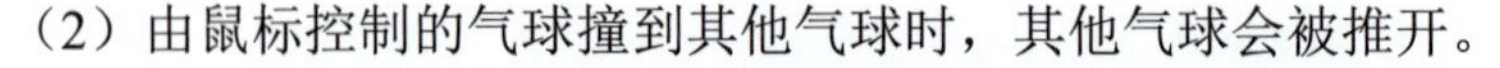

（2）由鼠标控制的气球撞到其他气球时，其他气球会被推开。

图 5-4　鼠标控制的气球把其他气球推开

代码可以分为三个部分，首先创建一组圆形，它们的位置、半径、颜色都是随机的，程序如下：

```
int w=800;
int h=800;
int n=60;
PVector[] ps= new PVector[n];
float[] rs=new float[n];
color[] cs=new color[n];
void setup() {
  size(w, h);
  for (int i=0; i< n; i++) {
    ps[i]= new PVector( random(w), random( h));
    rs[i]=random(30, 80);
    cs[i]=color(random(255), random(255), random(255) ,180);
```

```
    }
  }
```

代码的第二部分在 draw()方法中实现气球的随机抖动，如下所示：

```
void draw() {
  background(220, 255, 255);
  for (int i=0; i< n; i++) {
    PVector v= ps[i];
    fill(cs[i]);
    ellipse(v.x, v.y, 2*rs[i], 2*rs[i]);
    PVector target= new PVector( random(w), random( h));
    PVector arrow= PVector.sub(target, v);
    arrow.setMag(0.3);
    v.add(arrow);
  }
}
```

其原理是给每个气球设定一个随机的目标位置 target，然后每个气球向着这个目标点移动 0.3 像素。因为每帧产生的目标位置都是随机的，因此气球表现出随机抖动的感觉。这里我们调用了 PVector 类的 add()、sub()、setMag()等方法。

代码的第三部分，是将下列代码放置在 draw()方法的末尾（完整代码详见本书代码资料包中的 GA5_3_3）。

```
ps[0].set(mouseX, mouseY);
for (int i=1; i< n; i++) {
  float dist= ps[i].dist(ps[0]);
  if (dist < rs[0]+rs[i]) {
    PVector arrow = PVector.sub(ps[i], ps[0]);
    arrow.setMag(rs[0]+rs[i] - dist );
    ps[i].add(arrow);
```

```
        }
    }
```

ps[0]所在的圆形（位置由鼠标控制）把第 i 个圆形推开的向量分析可参考下图。

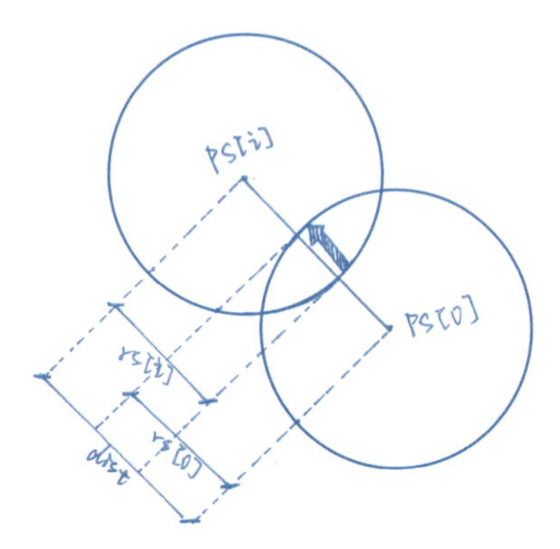

以 ps[i]为圆心的圆形将被推开，需要移动的向量可以用图中的小箭头表示。这个小箭头的方向与大箭头平行，长度为 rs[0]+rs[i] – dist（两个圆形的半径之和减去两个圆心之间的距离）。另外需要注意的是，这种推开的动作只有在两个圆形相交的前提下才会发生，因此在代码中要用 if(dist < rs[0]+rs[i])语句把与推开相关的代码都包起来。

练习题

基于上述例子，如果两者相交的话，如何让所有小球之间两两相斥。

5.4 线性插值

PVector 类有一个非常有用的 lerp()方法，它是 linear interpolation 的缩写，即线性插值。譬如，把线段 ab 三等分，将得到两个等分点（见下图），如果把线段自身的两个端点算进去，则共有四个点，这四个点可以依次表示为：

```
PVector.lerp(a, b, 0/3.0)
PVector.lerp(a, b, 1/3.0)
PVector.lerp(a, b, 2/3.0)
PVector.lerp(a, b, 3/3.0)
```

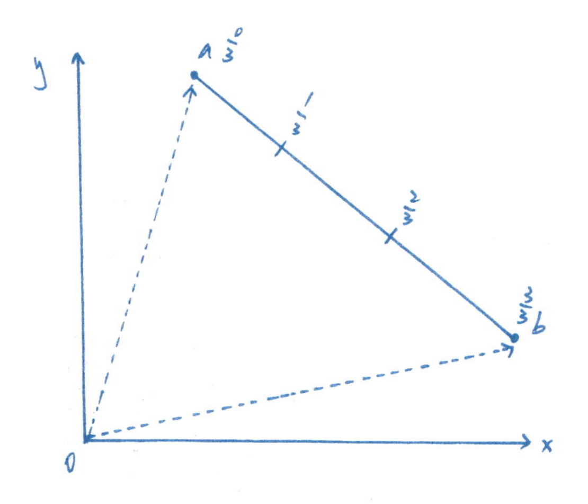

lerp()方法的前两个参数是线段的两个端点，第三个参数是新增点 *v* 所在位置的比例（*av* 的长度除以 *ab* 的长度）。在线性代数中，线性插值可以写为：

v=a+s(b-a)

其中，s 就是插值点的比例，如 1/3、2/3 等，等式也可以写为：

v=(1-s)a+sb

因此 PVector v = PVector.lerp(a, b, s)等价于以下三行代码：

```
a.mult(1-s);
b.mult(s);
PVector v= PVector.add(a, b);
```

1.1 节的第一个程序，可以很快改写为包含插值点的绘图程序，如图 5-5 所示。

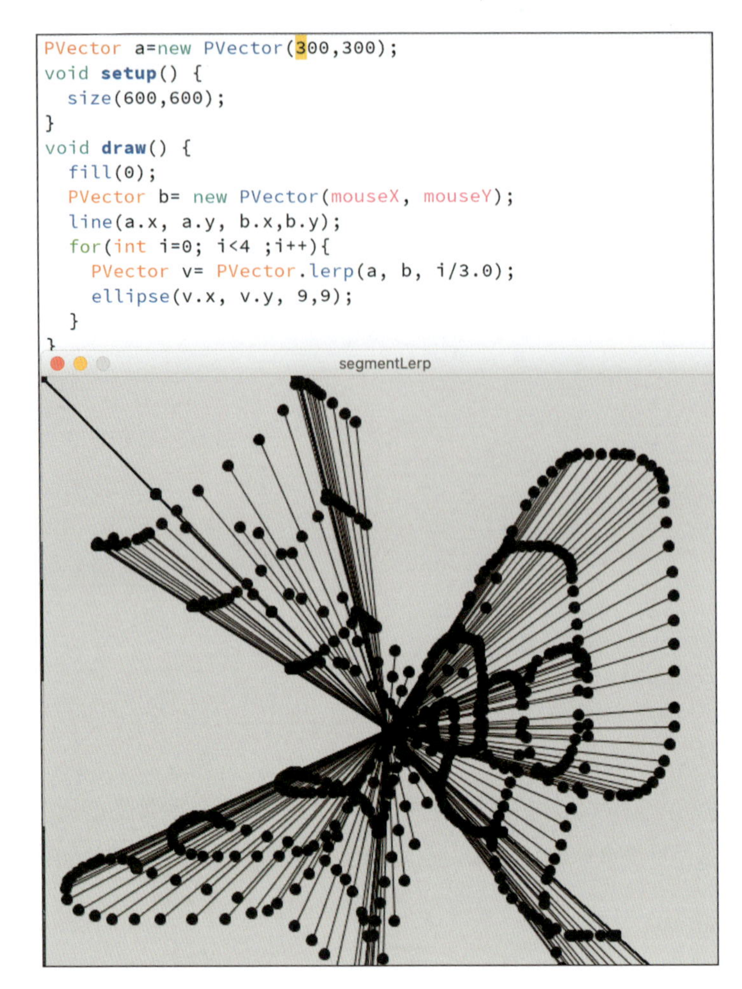

图 5-5　线段上增加了插值点

2.2 节创建了一个生成心形的动态程序详见本书代码资料包中的 GA2_2_2，我们首先可以把它改写成 PVector 版本，程序如下：

```
float r=240;
int n=360;
void setup() {
  size(600, 600);
}
void draw() {
```

```
    background(255);
    translate(300, 300);
    float s=2+frameCount/100;//1+0.01*frameCount;
    for (int i=0; i<n; i++) {
      float ta= 2*PI*i/n;
      float tb= s*ta;
      PVector a= new PVector(cos(ta), sin(ta));
      PVector b= new PVector(cos(tb), sin(tb));
      a.mult(r);
      b.mult(r);
      line(a.x, a.y, b.x, b.y);
    }
  }
```

这里的关键参数s与之前稍有不同，从0.01*frameCount变成了frameCount/100，后者为整数除法。譬如，frameCount 从 0 到 99 时除法的结果始终为 0，从 100 到 199 时的结果始终为 1，从 200 到 299 时的结果始终为 2。因此，整个图形每隔 100 帧才变化一次。

现在删除最后一句“line(a.x, a.y, b.x, b.y);”，再加上如下两行实现线性插值的代码：

```
PVector v= PVector.lerp(a, b, 0.5);
ellipse(v.x, v.y, 8, 8);
```

运行结果如图 5-6 所示，图中第一行为“lerp(a, b, 0.3);”的运行结果，第二行为“lerp(a, b, 0.5);”的运行结果，第三行为“lerp(a, b, 0.7);”的运行结果。

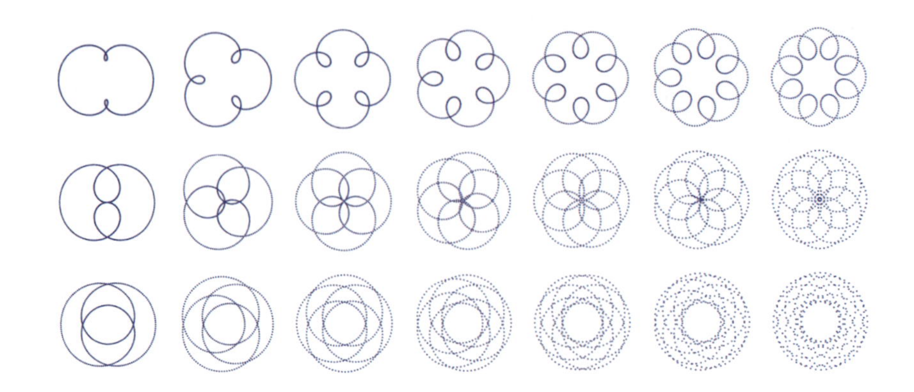

图 5-6　三组线性插值参数产生了三组图形

不难看出，lerp()中的系数（第三个参数）决定了具体的图形。我们可以让该系数连续变化，从而让图形连续变化。关键是要在每 100 帧内，让该系数从 1 变到 0 再变回 1，代码可以写为：

```
float cos= cos(2*PI*frameCount/100.0);
float sc = map(cos, -1, 1, 0, 1) ;
PVector v= PVector.lerp(a, b, sc);
```

注意，其中 frameCount/100.0 采用了小数除法。前两行代码把 frameCount 转换成一个在 0～1 范围内变化的小数，原理如下图。

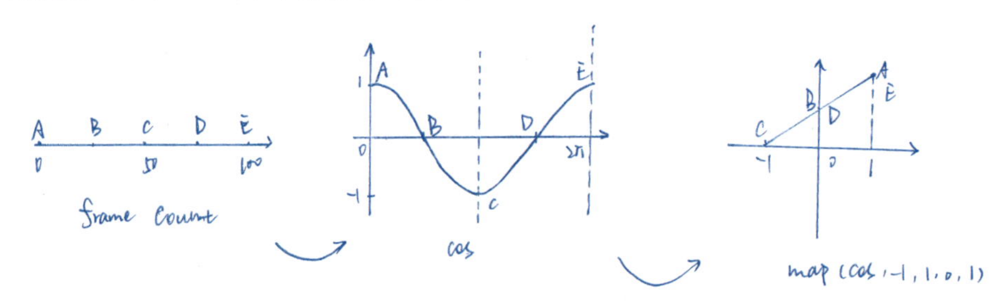

完整的代码如下：

```
float r=240;
int n=360;
void setup() {
  size(600, 600);
```

```
}
void draw() {
  background(255);
  translate(300, 300);
  fill(0, 0, 255);
  noStroke();
  float s=2+frameCount/100;//1+0.01*frameCount;
  for (int i=0; i<n; i++) {
    float ta= 2*PI*i/n;
    float tb= s*ta;
    PVector a= new PVector(cos(ta), sin(ta));
    PVector b= new PVector(cos(tb), sin(tb));
    a.mult(r);
    b.mult(r);
    float sc = map(cos(2*PI*frameCount/100.0), -1, 1, 0, 1) ;
    PVector v= PVector.lerp(a, b, sc);
    ellipse(v.x, v.y, 8, 8);
  }
}
```

运行程序，我们将看到一个连续跳动的图形，而且永远不会重复。

下面我们来看本节的最后一个例子。5.3 节编写了弹球程序的 PVector 版本，现在我们把它和线性插值结合起来。假设场景中有五个弹球，我们可以打开本书代码资料包中的 GA5_3_2，把程序中的 n 设为 5。我们在相邻编号的小球之间连线：ps[0]连接 ps[1]、ps[1]连接 ps[2]、ps[2]连接 ps[3]、ps[3]连接 ps[4]、ps[4]连接 ps[0]。最后一根连线比较特殊，它将最后一个编号和第一个编号连接起来。幸运的是，我们可以用 for 循环统一处理编号问题，程序如下：

```
for (int i=0; i<n; i++) {
  PVector a= ps[i];
  PVector b= ps[(i+1)%n];
```

```
  //在线段 ab 内进行插值
}
```

假设我们要在每根连线上插入 63 个点，只需要把下面这段代码加到 draw() 方法的末尾。

```
float dots=63;
for (int i=0; i<n; i++) {
  PVector a= ps[i];
  PVector b= ps[(i+1)%n];
  for (int j=0; j<dots; j++) {
    PVector c= PVector.lerp(a, b, j/dots);
    ellipse(c.x, c.y, 2, 2);
  }
}
```

完整的代码详见本书资料包中的 GA5_4_3，其运行效果如图 5-7 所示。

图 5-7　弹球程序的插值版本

回顾本章的例子，都是用向量（PVector）来表示物体的形状、速度和力的，第 6 章将用向量和物理原理生成更复杂、更有趣的图形。

飘

6.1 回旋

一把沙子在地上散开，一滴墨汁在水中扩散，浩瀚的星尘在太空中聚散，都可以看作是很多点受力运动的结果。这些现象看似非常复杂，但它们背后的原理或许很简单。

三百多年前，牛顿总结了物体的运动的奥秘：

（1）速度是位置对时间的导数，换句话说，物体位置在每个微小时段内的变化量是一个向量（速度）。在没有外力作用的情况下，该速度向量是恒定不变的。

（2）加速度是速度的导数：速度在每个微小时段内的变化量是一个向量（加速度），加速度与物体所受的力成正比。

值得注意的是，日常生活中所说的速度是一个数字，可以看作是速度向量的长度。假如，一辆从南京开往上海的火车，速度是 350km/h，它的速度向量为 $\boldsymbol{v} = (345.6, -100.8)$，单位为 km/h。

在 6.1 节和 6.2 节中，我们将专注于速度；而 6.3 节将通过加速度让速度发生变化。在 5.3 节的单个弹球程序（详见本书代码资料包中的 GA5_3_1）中，我们已经用

```
PVector p;
PVector d;
```

来表示小球的位置与速度。然后在 draw()方法中用“p.add(d);”使小球的位置发生变化。

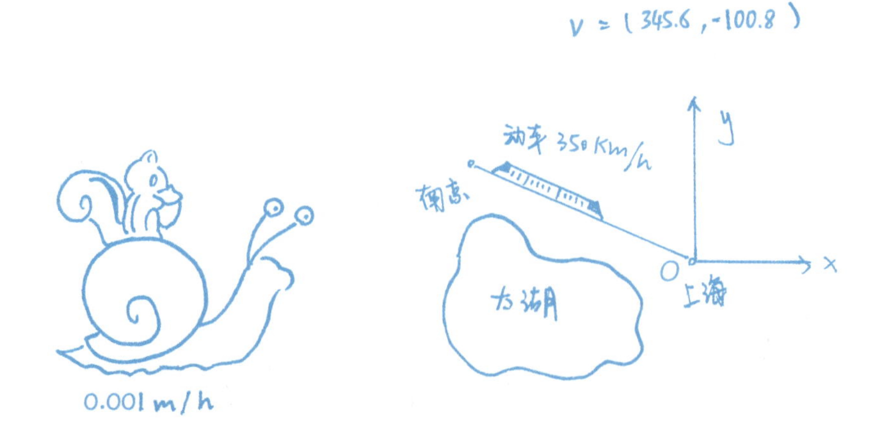

现在我们沿用这种思路，设速度的水平分量为 cos(f)，其中 f 是一个随帧数增长的数。完整的代码如下：

```
PVector p=new PVector(200, 200);
void setup() {
  size(400, 400);
  background(255);
  strokeWeight(3);
}
void draw() {
  float f= 0.01*frameCount;
  PVector v= new PVector(cos(f), 0);
  v.mult(1.5); //speed
  p.add(v);
  point(p.x, p.y);
}
```

运行程序，小黑点沿水平方向来回运动，它的速度是周期性变化的。如果我们对速度向量稍作改动：

```
PVector v= new PVector(0, cos(f));
```

那么小黑点会沿垂直方向徘徊。如果速度向量为：

```
PVector v= new PVector(cos(f), cos(f));
```

那么小黑点会沿 45° 的方向来回振荡。这三种情况如图 6-1 所示。

图 6-1　黑点来回振荡产生的轨迹

当速度向量 ***v*** 的水平分量和垂直分量的变化周期不同时，小黑点的轨迹会是什么样的呢？我们用以下代码来试一试：

```
float f1= 0.01*frameCount;
float f2= 0.02*frameCount;
PVector v= new PVector(cos(f1), cos(f2));
```

结果小黑点的运行轨迹呈“8”形。可以想象，当 f1 和 f2 中的系数不同时，小黑点的轨迹就会呈现出不同的形状。图 6-2 列出了六种系数组合对应的图形，大家也可以试试其他的系数组合。

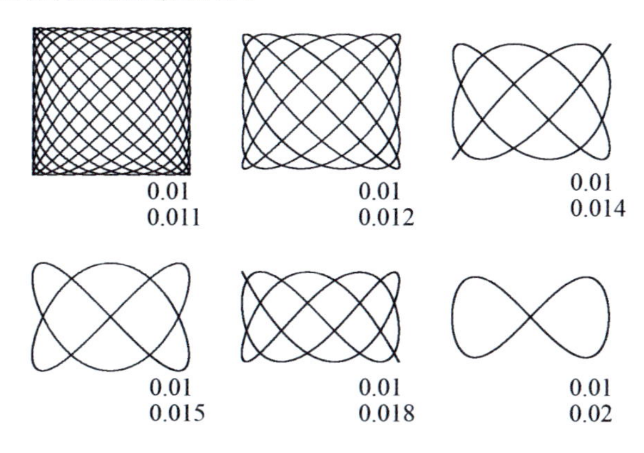

图 6-2　不同系数组合下黑点的运动轨迹

如果大家想在程序运行的某一时刻把窗口显示的内容保存下来，只需要在程序的最后添加一个 keyPressed()方法，即

```
void keyPressed(){
  save("shot.png");
}
```

名为“shot.png”的截图会保存在程序所在的文件夹中。后保存的图片会覆盖之前保存的图片。如果不想被覆盖，我们可以用帧数为截图命名，即

```
void keyPressed(){
  save(frameCount+".png");
}
```

其实 keyPressed()方法与 setup()方法、draw()方法一样，都是 Processing 内部已经定义好的方法，但它们的触发机制不同。setup()方法是在程序启动时运行一次；draw()方法（当 setup()执行完成之后）每帧都执行一次；keyPressed()方法是在每次按下键盘时执行一次。

最后我们把一个点扩展为多个点，营造出大量微粒随风而动的感觉，代码如下：

```
int w=800;
int h=600;
int n=800;
PVector[] ps= new PVector[n];
void setup(){
  size(800, 600);
  for(int i=0; i<n; i++)
    ps[i]=new PVector(random(w), random(h));
  background(0);
}
void draw(){
  fill(0, 4);
  noStroke();
  rect(0, 0, w, h);
  stroke(255);
  strokeWeight(2);
  float f1= 0.01*frameCount;
  float f2= 0.015*frameCount;
  for(int i=0; i<n; i++){
    PVector p= ps[i];
    PVector v= new PVector(cos(f1), cos(f2));
    p.add(v);
    if(0.005 >random(1.0))
      ps[i]=new PVector(random(w), random(h));
    point(p.x, p.y);
  }
}
```

该程序采用了两个小技巧。首先，在绘图前用一个透明的黑方块把整个屏幕盖住：

```
fill(0, 4);
noStroke();
rect(0, 0, w, h);
```

这样就造成了每个白点都拖着一个尾巴的效果，如图 6-3 所示。其次，随机选择一小部分点，分别给它们一个随机的位置，代码如下：

```
if(0.005 >random(1.0))
   ps[i]=new PVector(random(w), random(h));
```

图 6-3　随风而动的白点的运动轨迹

这样就增加了整个画面的动感。其中，0.005>random(1.0)表示 5‰的概率，因此每帧大约有四个点被移动到随机的位置。

6.2　秩序与随机

在 6.1 节中，点的运动很有规律，具有周期性。每经历一个周期，点的运动轨迹都会完全重复一次。现在我们来试验一种完全随机的运动，即速度向量的长度为 1，但方向随机，如下所示：

```
PVector v= PVector.random2D();
p.add(v);
```

这种随机运动有点像微粒在空气中的布朗运动，或是醉汉毫无规律的步伐。假设一名醉汉离悬崖的距离是 10 步，随着步伐的增加，他跌下悬崖的概率有多大？在 Processing 里很容易模拟这种随机步伐：让一个点从屏幕中央开始随机移动，监测它何时跑到屏幕外面，代码如下。

```
if (p.x<0 || p.x>w || p.y<0 || p.y>h) {
    //点在屏幕外面
}
```

完整的代码为：

```
int w=800;
int h=800;
PVector p=new PVector(w/2, h/2);
int count=0;
void setup() {
  size(w, h);
  background(255);
  stroke(0, 40);
}
void draw() {
  PVector v= PVector.random2D();
  p.add(v);
  point(p.x, p.y);
  if (p.x<0 || p.x>w || p.y<0 || p.y>h) {
      println( "done" );
      noLoop();
  }
}
```

程序需要运行很久，才能看到随机点走出屏幕，如图 6-4 所示。有一种加速的办法，就是把原来 draw()中的内容写在一个自定义方法（参见 4.2 节）中，然后在 draw()中多次调用该自定义方法。譬如，每帧走 200 步（详见本书代码资料包中的 GA6_2_1）的代码如下：

```
void draw() {
  for (int i=0; i<200; i++)
    display();
}
void display() {
  //原来 draw()中的代码
}
```

这是一种常用的技巧，每当我们觉得程序运行得太慢时，就可以尝试这种加速方式。

从图 6-4 中可以看出，如果速度向量的方向是完全随机的，那么点的移动轨迹则是非常无序的。现在我们用 noise()方法来确定速度向量的方向，代码如下：

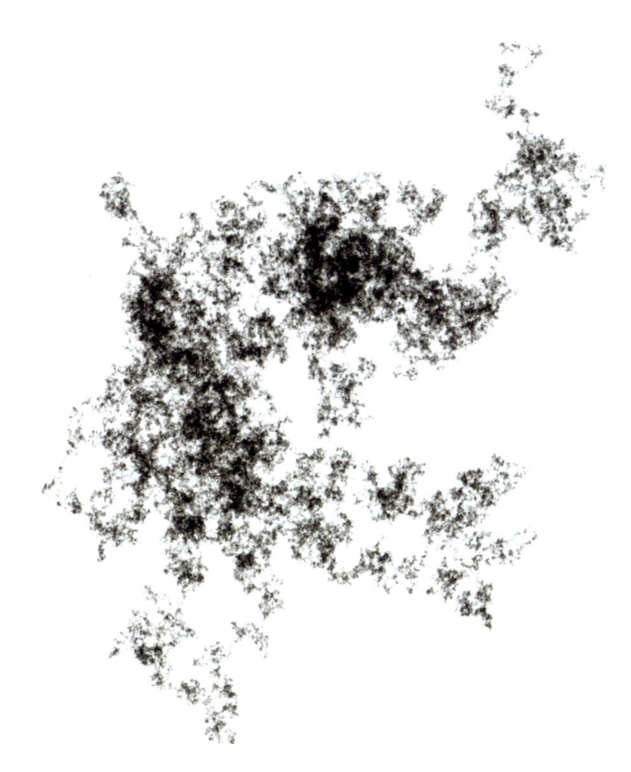

图 6-4 随机运动的微粒留下的轨迹

```
PVector p=new PVector(400, 400);
void setup() {
  size(800, 800);
  background(255);
  strokeWeight(2);
}
void draw() {
  float theta=noise(0.0006*p.x , 0.0006*p.y)*8*PI;
  PVector v= new PVector(cos(theta), sin(theta));
  p.add(v);
  point(p.x, p.y);
}
```

运行上述代码，点的移动轨迹变成了一条平滑的曲线，图 6-5 第一排为程序运行三次的结果。4.1 节已经介绍过 noise(x, y)方法：输入 x、y 两个坐标参数，noise 方法将返回一个随机值。但这个随机值不是完全随机的，而是沿 x 和 y 方向平滑变化的。如果把系数变成 noise(0.004*p.x, 0.004*p.y)，程序运行的结果如图 6-5 中第二排所示；如果把系数变成 noise(0.04*p.x, 0.04*p.y)，点的轨迹就更加随机了（见图 6-5 中第三排）。可以发现，所用的系数越小，轨迹越平滑；系数越大，轨迹越曲折、随机。

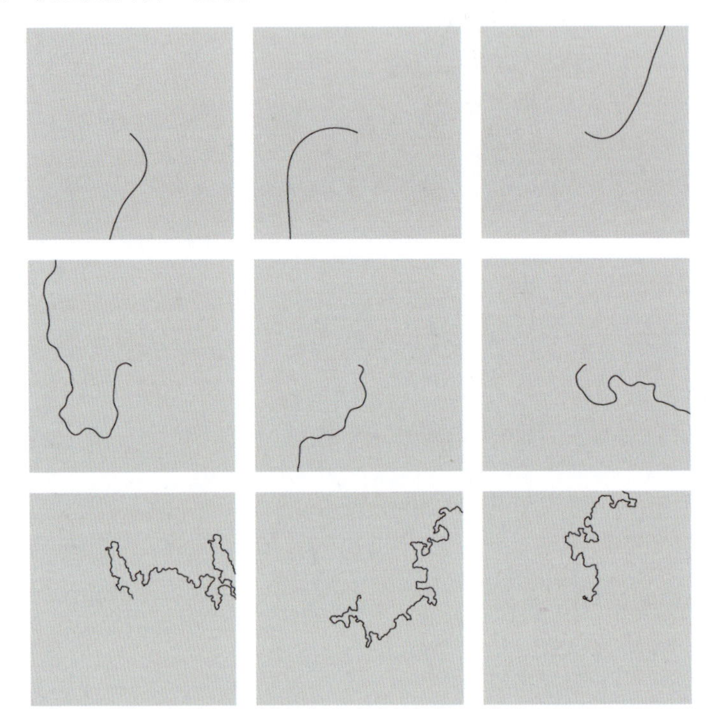

图 6-5　不同系数时 noise 方法产生的点的轨迹

下面我们把很多条轨迹叠合在一起：一条轨迹走出屏幕边缘时，下一条轨迹从屏幕中央出发。每条轨迹启动时，需要用 noiseSeed()来设定一个随机种子，否则所有的轨迹会完全重合在一起。完整的代码见本书代码资料包中的 GA6_2_3，运行结果如图 6-6 所示。

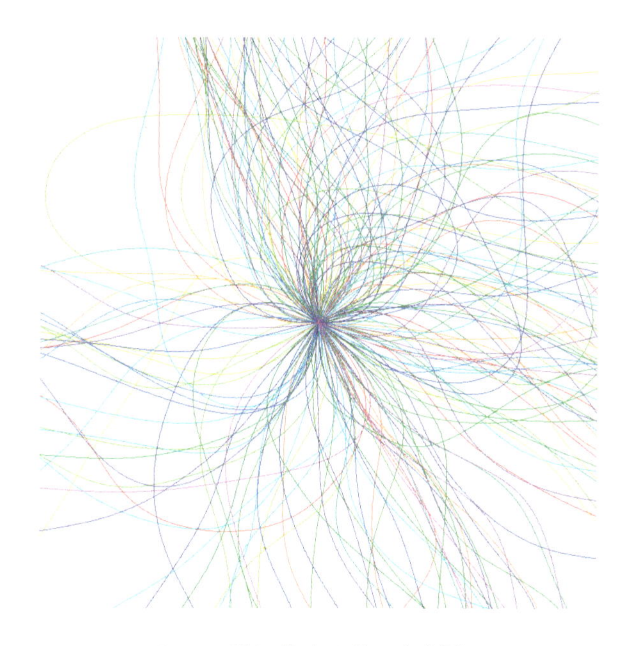

图 6-6　随机轨迹重叠（小范围）

当系数为 noise(0.003*p.x, 0.003*p.y)时，产生的轨迹如图 6-7 所示。

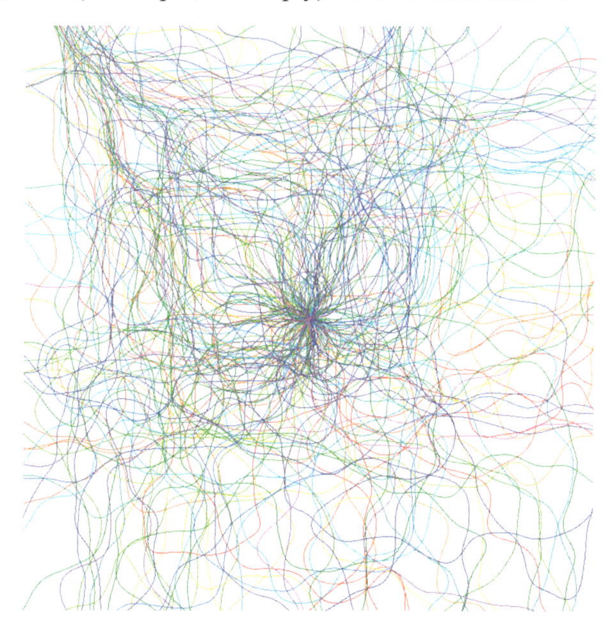

图 6-7　随机轨迹重叠（中范围）

当系数为 noise(0.015*p.x, 0.015*p.y)时，结果如图 6-8 所示。

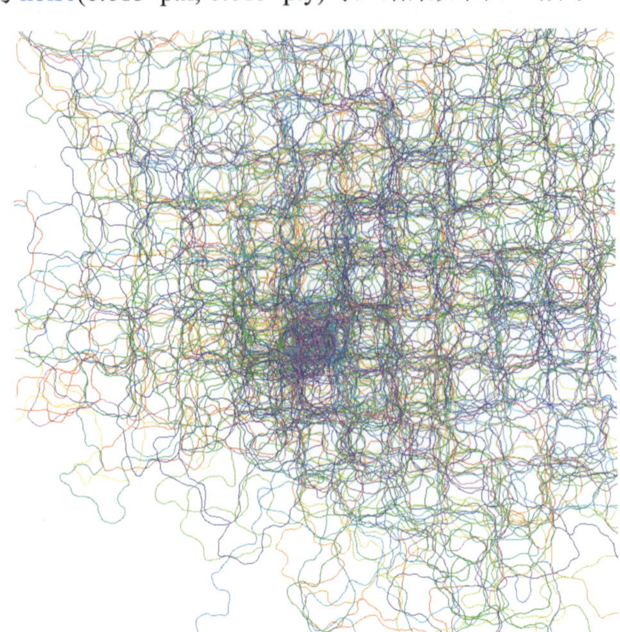

图 6-8 随机轨迹重叠（大范围）

之前的几个例子都只是考虑了单个点的运行轨迹，现在我们用 noise 方法让很多点运动起来。下面这个程序和 6.1 节的最后一个例子十分相似，但是下面的程序使用 noise 方法来确定速度向量的方向。

```
int w=800;
int h=600;
int n=800;
PVector[] ps= new PVector[n];
void setup(){
  size(800, 600);
  for(int i=0; i<n; i++)
    ps[i]=new PVector(random(w), random(h));
  background(0);
}
```

```
void draw(){
  fill(0, 4);
  noStroke();
  rect(0, 0, w, h);
  stroke(255);
  strokeWeight(2);
  for(int i=0; i<n; i++){
    PVector p= ps[i];
    float theta=noise(0.003*p.x, 0.003*p.y)*4*PI;
    PVector v= new PVector(cos(theta), sin(theta));
    v.mult(0.5); //speed
    p.add(v);
    if(0.005>random(1.0) || 0>p.x || w< p.x || 0>p.y || h<p.y)
      ps[i]=new PVector(random(w), random(h));
    point(p.x, p.y);
  }
}
```

图 6-9 为程序运行某一时刻的截图。

最后我们要把以下两种速度结合起来：

（1）6.1 节最后一个例子中的回旋速度向量采用了 cos 函数：

```
float f1= 0.01*frameCount;
float f2= 0.015*frameCount;
PVector v= new PVector(cos(f1), cos(f2));
```

（2）本节的 noise 速度向量，代码如下：

```
float theta=noise(0.003*p.x , 0.003*p.y)*4*PI;
PVector v= new PVector(cos(theta), sin(theta));
```

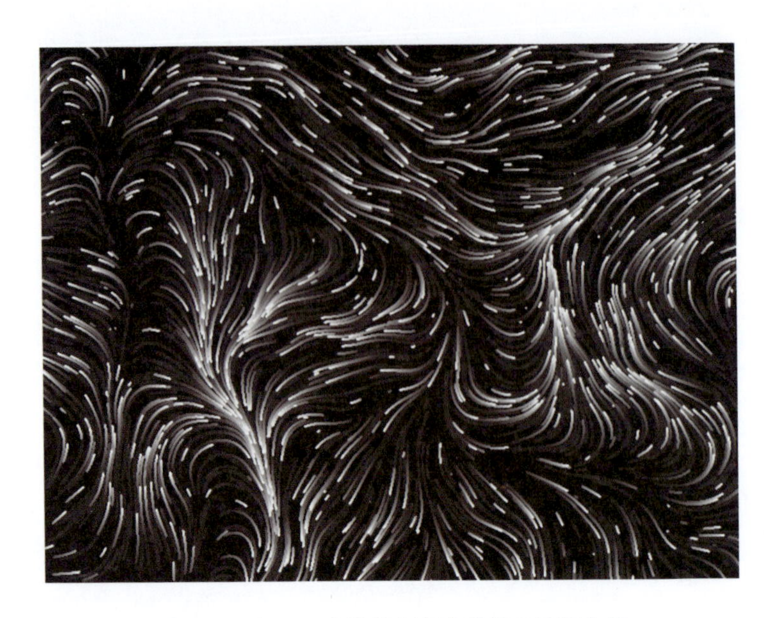

图 6-9　用 noise 方法控制每个微粒的速度向量

如何把两个速度向量结合起来？其实很简单，用向量加法（见 5.1 节、5.2 节）即可，代码如下：

```
PVector a= new PVector(cos(theta), sin(theta));
PVector b= new PVector(cos(f1), cos(f2));
PVector v= PVector.add(a, b);
v.mult(0.5);
```

最后两句代码等价于线性插值（见 5.4 节）：

```
PVector v= PVector.lerp(a, b, 0.5);
```

实际上，线性插值可以有很多自由度，它可以实现从 a（noise 速度向量）到 b（cos 回旋速度向量）的任意比重。譬如，“PVector v= PVector.lerp(a, b, 1/4.0);”侧重于 noise 速度向量，而“PVector v= PVector.lerp(a, b, 3/4.0);”侧重于 cos 回旋速度向量。

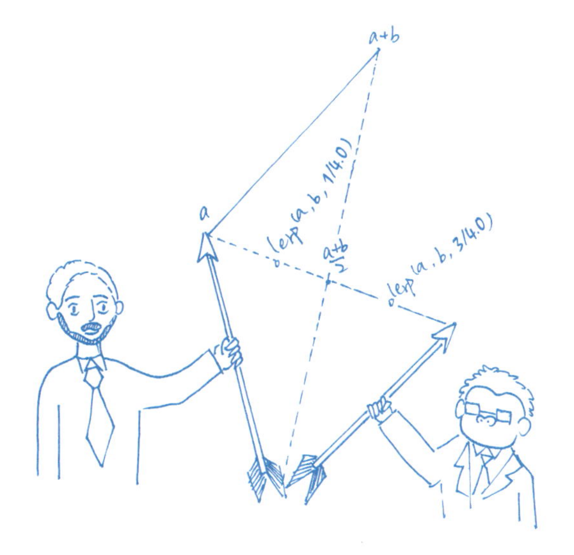

以下是两种速度向量相结合的完整代码：

```
int w=1100;
int h=800;
int n=800;
PVector[] ps= new PVector[n];
void setup() {
  size(w, h);
  for (int i=0; i<n; i++)
    ps[i]=  new PVector(random(w), random(h));
  background(0);
  colorMode(HSB);
}
void draw() {
  fill(0, 4);
  noStroke();
  rect(0, 0, w, h);
  stroke(255);
  float f1= 0.015*frameCount;
  float f2= 0.01*frameCount;
```

```
    for (int i=0; i<n; i++) {
      PVector p= ps[i];
      float theta=noise(0.003*p.x, 0.003*p.y)*4*PI;
      PVector a= new PVector(cos(theta), sin(theta));
      PVector b= new PVector(cos(f1), cos(f2));
      PVector v= PVector.lerp(a, b, 0.4);
      p.add(v);
      if (0.005>random(1.0) ||p.x<0 || p.x>w || p.y<0 || p.y>h)
        ps[i]= new PVector(random(w), random(h));
      float mag= v.mag();
      strokeWeight(1 + 0.6/(0.01+mag));
      stroke(100*mag, 255, 255);
      point(p.x, p.y);
    }
  }
```

在绘图时，速度向量 **v** 的长度决定了笔触的宽度，“strokeWeight(1+0.6/(0.01+mag));”，而颜色“stroke(100*mag, 255, 255);”使整个画面更加丰富，如图 6-10 和图 6-11 所示。

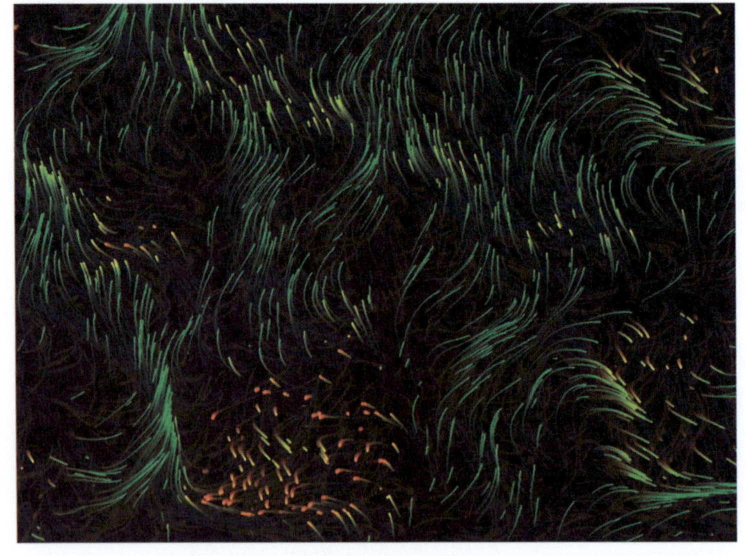

图 6-10　增加笔触和颜色的变化（一）

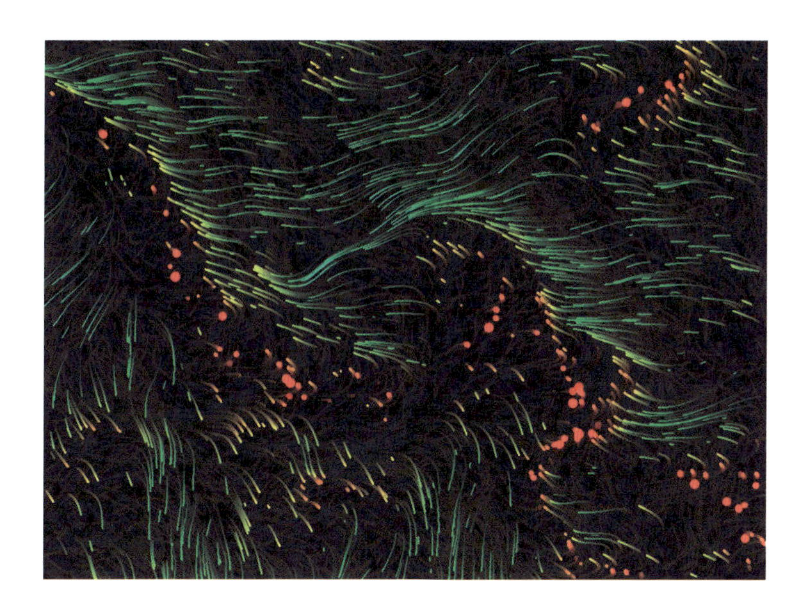

图 6-11　增加笔触和颜色的变化（二）

6.3　奇怪吸引子

银河、云朵、火焰等是由无数微粒构成的，它们的形状似乎永远不会重复。我们可以用引力来模拟这类复杂的现象。首先考虑一个非常简单的场景：一个粒子被两个吸引子吸引。6.1 节提到过，力（用加速度表示）改变速度向量，准确地说，加速度是速度的导数。我们先设定两个吸引子的位置，代码如下：

```
PVector [] cs= {new PVector(0, -150), new PVector(0, 150)};
```

在 draw()方法中，首先依次用两个吸引子来改变速度向量 ***v***，如下所示：

```
for (int j=0; j<cs.length; j++) {
    PVector accel= PVector.sub(cs[j], p);
    accel.setMag(0.01);
```

```
    d.add(accel);
  }
```

这里的向量 accel 表示引力的方向，而力的大小为 0.01，这里默认粒子的质量为 1。然后用速度向量来改变粒子的位置，代码为：p.add(d);。

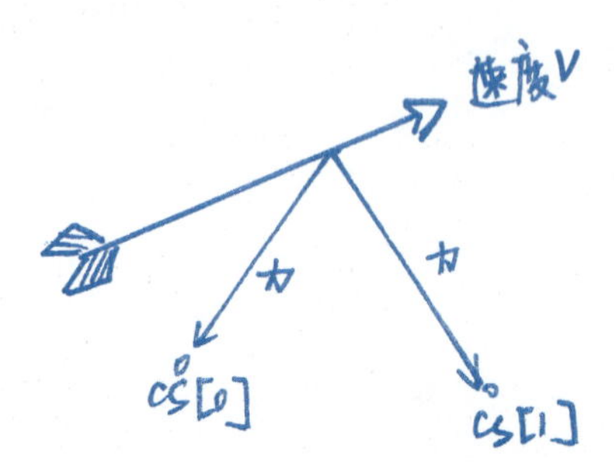

完整的代码如下：

```
PVector p;
PVector d=new PVector();
PVector [] cs= {new PVector(0, -150), new PVector(0, 150)};
void setup() {
  size(400, 500);
  p= PVector.random2D();
  p.mult(180);
  background(255);
}
void draw() {
  translate(200, 250);
  for (int j=0; j<cs.length; j++) {
    PVector accel= PVector.sub(cs[j], p);
    accel.setMag(0.01);
    d.add(accel);
```

```
    }
    p.add(d);
    point(p.x, p.y);
  }
```

粒子的初始位置是在一个半径为 180 像素的圆上，粒子的初始速度为 0。图 6-12 截取了程序运行的几种典型结果，有的像枕头，有的像弓。有趣的是，粒子的轨迹很难完全重复先前的路径；或者说，相似的轨迹之间总有一点微小的差别，这就是奇怪吸引子（strange attractor）在作怪。

图 6-12　奇怪吸引子作用下的粒子运动轨迹

如果吸引子固定在其他位置，产生的图形也会不同。譬如，下面这个程序把两个吸引子分别放在 x 轴和 y 轴上，然后同时让三个粒子运动起来。

```
int n=3;
PVector [] ps=new PVector[n];
PVector [] ds=new PVector[n];
PVector [] cs= {new PVector(120, 0), new PVector(0, -120)};   //120
void setup() {
  size(1000, 800);
  for (int i=0; i<n; i++) {
    ds[i]=new PVector();
    PVector v= PVector.random2D();
    v.mult(300);
    ps[i]= v;
  }
  background(255);
```

```
  colorMode(HSB);
}
void draw() {
  translate(500-40, 400+40);
  for (int i=0; i<50; i++)
    display();
}
void display() {
  for (int i=0; i<n; i++) {
    for (int j=0; j<cs.length; j++) {
      PVector accel= PVector.sub(cs[j], ps[i]);
      accel.setMag(0.008);
      ds[i].add(accel);
    }
    ps[i].add(ds[i]);
    stroke(255*i/n, 255, 255);
    point(ps[i].x, ps[i].y);
  }
}
```

运行上述程序，生成的图形呈 45° 倾斜，这是由于 45° 线是两个吸引子的对称轴。循环往返，但不会完全重复之前的路径，这是奇怪吸引子的魔法（见图 6-13）。此外，微粒初始位置（或速度）的微小变化，也可能使后来的轨迹截然不同。1963 年，洛伦兹（Edward Lorenz）发表了一篇名叫《一只在巴西的蝴蝶拍一下翅膀会不会在得克萨斯州引起龙卷风？》的论文，说明系统中如果初期条件差一点点，结果会很不稳定，他把这种现象戏称为“蝴蝶效应”，自此奇怪吸引子被大众所熟知。

图 6-13　奇怪吸引子导致粒子的轨迹很难完全重复

下面我们来模拟大量粒子在两个吸引子作用下的运动。这些粒子一开始随机分布在一个半径为 380 像素的圆上，初始速度为 0。任意时刻，每个粒子的速度向量都受到两个力的作用，程序如下：

```
int n=2345;
PVector [] ps=new PVector[n];
PVector [] ds=new PVector[n];
PVector [] cs= {new PVector(-300, 0), new PVector(300, 0)};
void setup() {
  size(1000, 800);
  for (int i=0; i<n; i++) {
    ds[i]=new PVector();
    PVector v= PVector.random2D();
    v.mult(380);
    ps[i]= v;
```

```
  }
  background(0);
}
void draw() {
  fill(0, 8);
  noStroke();
  rect(0, 0, 1000, 800);
  translate(500, 400);
  stroke(255);
  for (int i=0; i<n; i++) {
    for (int j=0; j<cs.length; j++) {
      PVector accel= PVector.sub(cs[j], ps[i]);
      accel.setMag(0.008);
      ds[i].add(accel);
    }
    ps[i].add(ds[i]);
    point(ps[i].x, ps[i].y);
  }
}
```

对于每个粒子来说，它的运动规律为：

$$\frac{\mathrm{d}\boldsymbol{p}}{\mathrm{d}t} = \boldsymbol{v}$$

$$\frac{\mathrm{d}\boldsymbol{v}}{\mathrm{d}t} = k\sum_i \frac{\boldsymbol{c}_i - \boldsymbol{p}}{\|\boldsymbol{c}_i - \boldsymbol{p}\|}$$

式中，向量 $\boldsymbol{p}$ 是位置；向量 $\boldsymbol{v}$ 是速度；向量 $\boldsymbol{c}_i$ 表示第 i 个吸引子的位置；k 是一个常数（k=0.008）。图 6-14 截取了运行过程中的六个画面。

图 6-14　左右两个吸引子作用下产生的轨迹

如果把两个吸引子改成“PVector[] cs= {new PVector(120, 0), new PVector(0, -120)};”就会得到完全不同的效果，如图 6-15 所示。

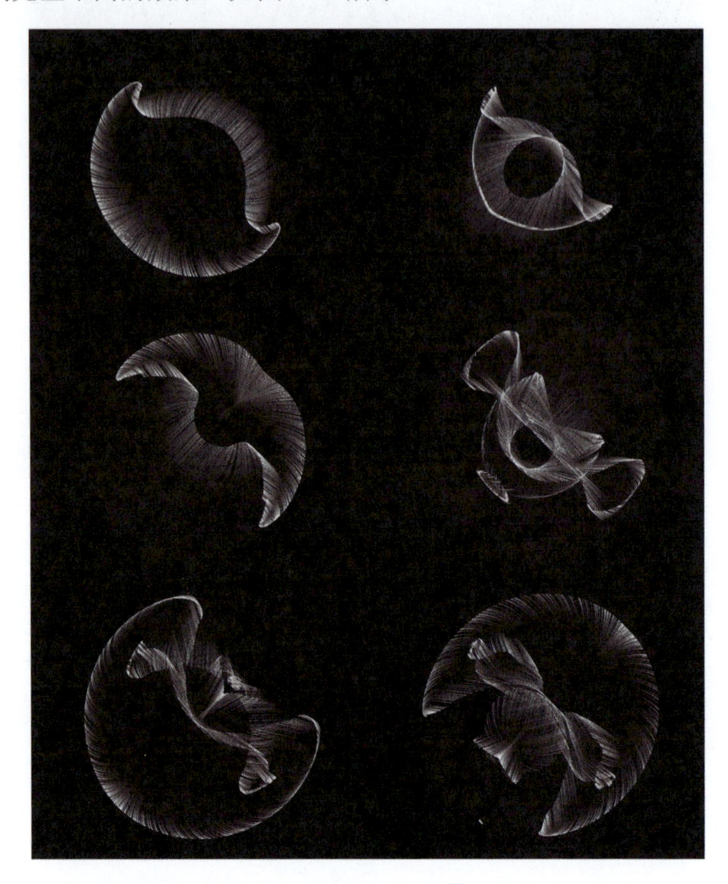

图 6-15 两个倾斜的吸引子作用下产生的轨迹

在之前的几个例子中，粒子的初速度都是 0，即一开始每个粒子都是静止的。而奇怪吸引子的有趣之处在于：稍微不同的初始状态有可能极大地影响后面的运行结果。下面我们为每个粒子设置一个初速度，其（初始）速度向量和（初始）位置向量相互垂直，在 setup()中设定，代码如下：

```
for (int i=0; i<n; i++) {
  PVector p= PVector.random2D();
  PVector v=new PVector(p.y, -p.x);
  v.mult(1.8);
```

```
    ds[i]=v;
    p.mult(random(10, 300));
    ps[i]=p;
  }
```

其中，“ds[i]=new PVector(p.y, -p.x);”确保了速度向量 ds[i]垂直于位置向量 p（5.1 节讨论了两个向量垂直的数学关系）。完整程序详见本书代码资料包中的 GA6_3_4，其运行状态如图 6-16 所示。

图 6-16　有初速度的粒子产生的轨迹

吸引子控制的粒子运动包含多种变数：

（1）每个粒子的初始位置和初始速度向量。

（2）吸引子的位置和个数。以上几个例子中都采用了两个吸引子，三个以上吸引子或许更有趣。我们之前都采用了位置固定的吸引子，实际上吸引子也可以实时移动。

（3）吸引子对粒子的力。在本节的例子中，力的大小与粒子和吸引子之间的距离无关。但根据万有引力，力的大小与距离的平方成反比。

一石激起千层浪

7.1 二维数组

第 4 章用 int 型（或 color 型）的数组来表示窗口中的所有点，某行某列的点在这个数组中有一个唯一的编号（需要通过公式计算），这种方式并不是很直观。窗口内的点分布在二维平面中，有没有更自然的方式来表示这样的二维阵列呢？答案是采用二维数组（或嵌套数组）。实际上，Processing（Java）还支持三维、四维等高维度的数组。需要澄清的是，数组的维度和现实世界的空间维度并不是一回事，只不过我们恰巧用二维数组来表示二维平面的阵列而已。

如果一般的数组是一排盒子，那么二维数组就是箱子套箱子，如下图所示。

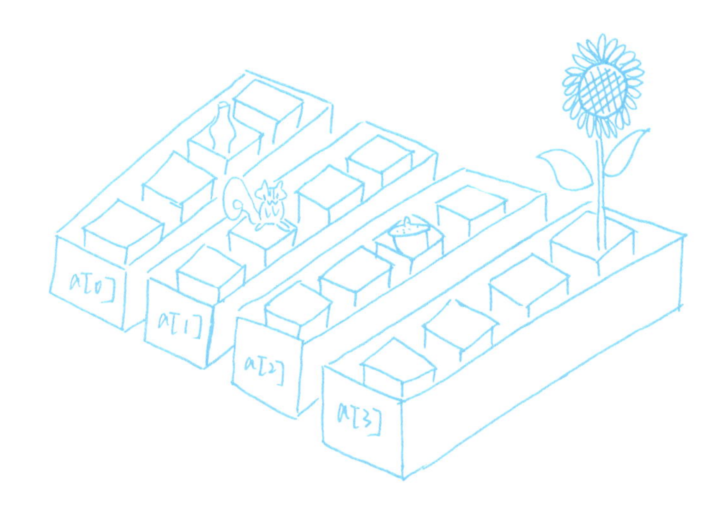

四个大盒子为 a[0]、a[1]、a[2]、a[3]，这四个大盒子里面又放了小盒子。可乐瓶所在的盒子的编号是 a[0][2]，松鼠躲在编号为 a[1][1]的盒子里，而向日葵长在编号为 a[3][3]的盒子里。如果在编程过程中，需要在二维盒子阵列里面储存整数，可以声明这样的二维数组，即

```
int[][] a= new int[3][2];
```

这是一个三行二列的整数型二维数组。可以通过两个方括号内的数字来指定某个盒子，比如：

```
a[0][0]=-9;
a[0][1]=0;
a[1][0]=-7;
a[1][1]=4;
a[2][0]=-5;
a[2][1]=6;
```

如果预先知道每个元素的值，可以非常简洁地把以上代码写在一行中，如下所示：

```
int[][] a= {{-9, 0}, {-7, 4}, {-5, 6}};
```

其中，两层花括号对应二维数组的两个维度。a.length 表示大盒子的总数，a[0].length 表示第一个大盒子中小盒子的总数。我们可以用下面的代码来确认：

```
int[][] a= {{-9, 0}, {-7, 4}, {-5, 6}};
println(a.length);
for(int i=0; i<a.length; i++)
      println(a[i].length);
```

对于二维数组，人们经常需要对每行（或每列）进行运算，如求和、平均值、归一化（normalization）等。我们先针对一般数组写出代码，然后再尝试把这些代码用到二维数组的每行（或每列）。

计算数组“float[] a={1, -2, 3};”的和，代码如下：

```
float x=0;
for(int i=0; i<a.length; i++)
    x+= a[i];
```

求数组 a 的平均值，代码如下：

```
float x=0;
for(int i=0; i<a.length; i++)
    x+= a[i];
x/=a.length;
```

把数组 a 归一化，代码如下：

```
float x=0;
for(int i=0; i<a.length; i++)
    x+= a[i]*a[i];
x=sqrt(x);
```

下面我们先创建一个二维数组，并用 for 循环给每个元素赋值，代码如下：

```
float[][] a= new float[3][4];
for(int i=0; i<a.length; i++){
    for(int j=0; j<a[i].length; j++){
        a[i][j]= i-2*j;
        print(a[i][j]+",");
    }
    println();
}
```

打印的结果（三行四列的小数）为：

```
0.0,-2.0,-4.0,-6.0,
1.0,-1.0,-3.0,-5.0,
2.0,0.0,-2.0,-4.0,
```

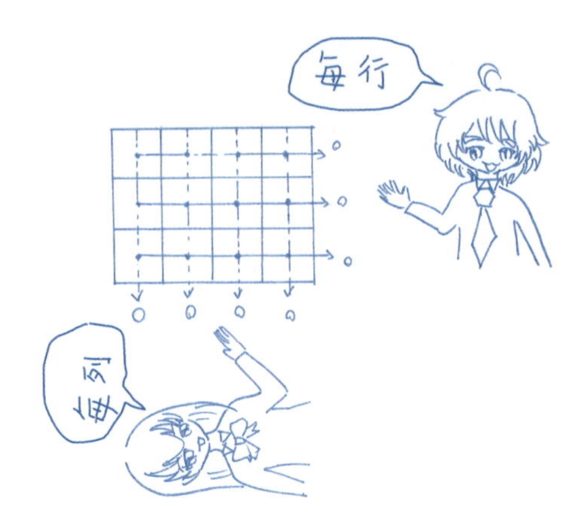

现在我们求每行的平均值，并把结果放在一个数组 b 内，代码如下：

```
float[] b= new float[a.length];
for(int i=0; i<a.length; i++){
   float x=0;
   for(int j=0; j<a[i].length; j++)
       x+= a[i][j];
   b[i]=x/a[i].length;
}
println(b);
```

打印的结果为：

```
[0] -3.0      [1] -2.0       [2] -1.0
```

我们也可以求每列的平均值，并把结果放在一个数组 c 内，代码如下：

```
float[] c= new float[a[0].length];
for(int j=0; j<a[0].length; j++){
    float x=0;
    for(int i=0; i<a.length; i++)
       x+= a[i][j];
   c[j]=x/a.length;
}
```

println(c);

打印的结果为：

[0] 1.0　　[1] -1.0　　[2] -3.0　　[3] -5.0

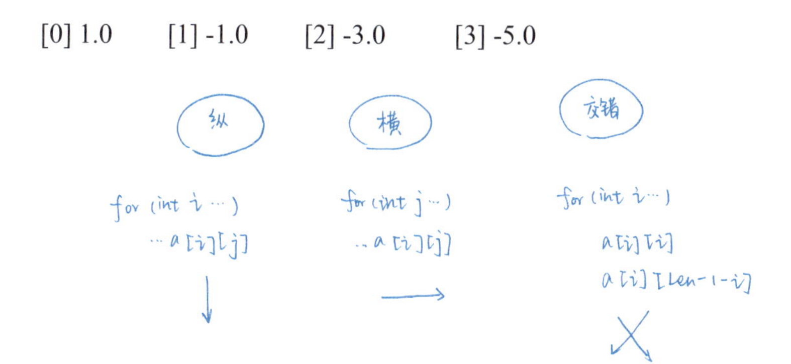

有了二维数组之后，人们就可以很方便地来表示程序窗口内的二维阵列。图 7-1 所示的例子创建了纵横排列的彩色方块，每个方块的色相（hue）依次递增。每次 draw()方法运行的时候，我们让每个方块的色相值增加 1，从而产生彩色流动的错觉。

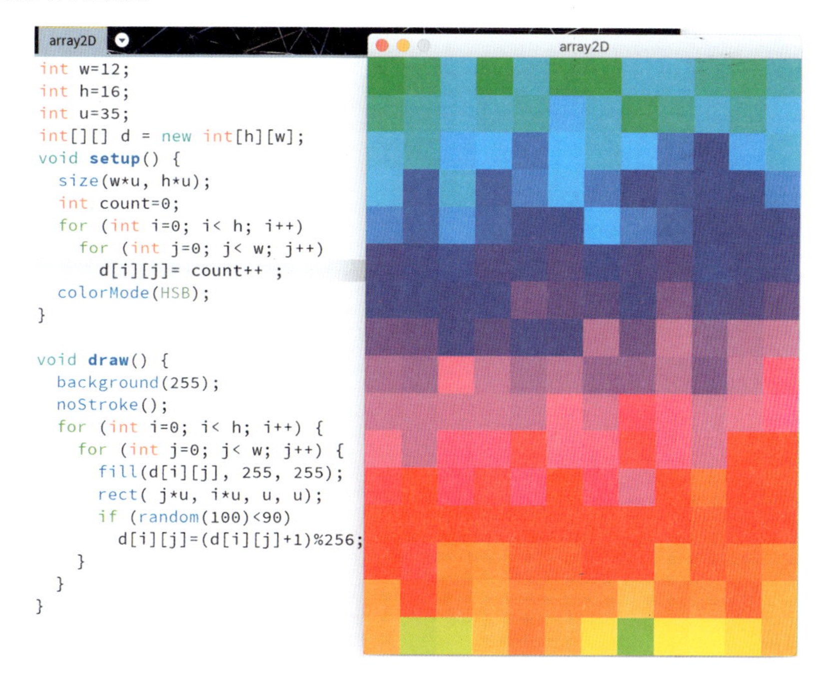

图 7-1　用二维数组表示色块

其中，“d[i][j] =count++;”这句代码比较让人费解，其实它相当于下面这两行代码：

```
d[i][j] =count;
count++;
```

此外，draw()方法中的“if (random(100)<90)”语句增加了一点颜色变化的随机性，每个色块有 90%的概率会发生颜色渐变。

练习题

1. 把一个二维数组的行与列调换，数学上称为矩阵的转置，即把二维数组沿着 45°斜线进行翻转。

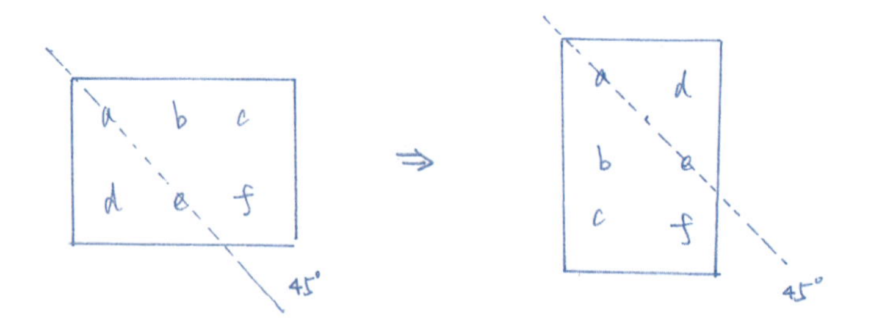

我们可以定义一个方法来实现该功能，其格式为：

```
int[][] transpose(int[][] a){
        //codes
}
```

或

```
float[][] transpose (float[][] a){
        //codes
}
```

等等。

2. 定义一个方法，把一个二维数组中的所有元素放到一个普通数组（即一维数组）内。

该方法的格式为：

```
int[] put(int[][] a){
        //codes
}
```

或

```
float[] put(float[][] a){
        //codes
}
```

等等。

7.2 涟漪

大人和孩子都爱玩水，因为水的形状、光影和手感实在是太奇妙了。阿基米德发现物体所受浮力的大小等于物体排开的水的重量，这就是著名的浮力定理。水种种难以琢磨的现象背后，很可能隐藏着简单的数学原理。本节介绍一种形成涟漪的数学原理，并用非常简短的代码来生成动态的涟漪图案。

想象一下这样的场景：一对孪生的水面，其中一个水面是我们能看到的面，我们暂且把它称为实面；另一个水面是看不到的，我们暂且把它称为虚面。这两个水面相互叠加，从而形成“推波助澜”的效果。具体来说就是：①实面变成下一时刻的虚面；②实面与虚面相互叠加产生下一时刻的实面。把实面标记为 d（data 的缩写），把虚面标记为 hd（意为 hidden data），两者的交互过程如下图所示。

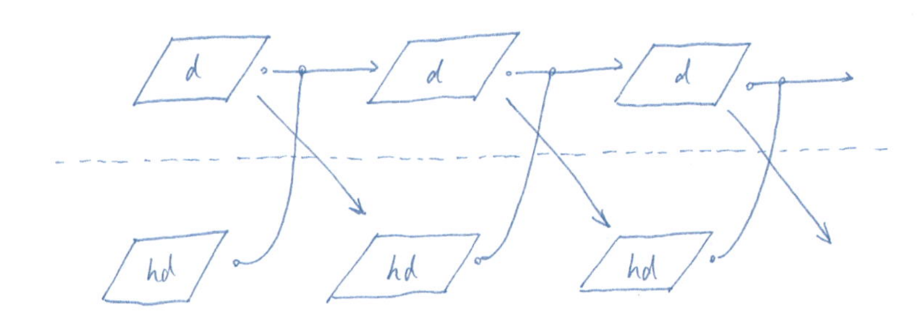

从现代物理学来看，波似乎是由虚、实两个量构成的。譬如，在量子力学中，波的运动规律（如薛定谔方程）是由复数来表示的，而复数（complex number）有实数部分和虚数部分。

如果我们垂直向下（或从水底向上）观察水面，并把一个矩形范围内的水面划分为细密的正交网格，实面与虚面在每个局部的叠加规律如下图所示。

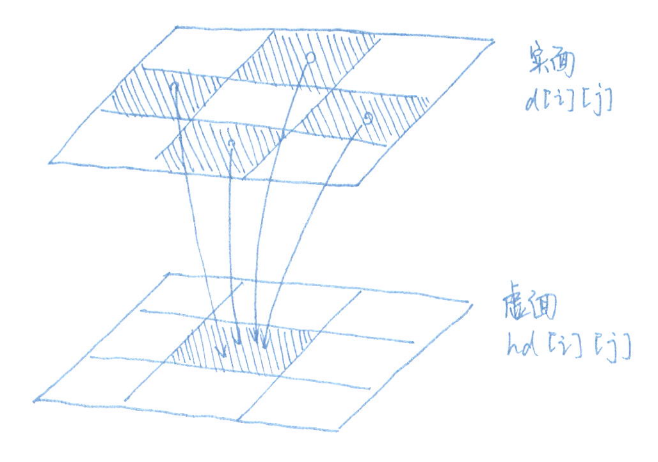

具体的数值运算为：

d[i][j] = (d[i-1][j]+ d[i+1][j]+ d[i][j-1]+d[i][j+1])*0.5 -hd[i][j]

在实面中，d[i-1][j]、d[i+1][j]、d[i][j-1]、d[i][j+1]分别表示上、下、左、右四个相邻元素的值。这种交互规则是局部的，它只涉及每个元素的四个邻居。有趣的是，这种局部的数学原理能够在整个窗口中生成动态、连续的波纹（见图 7-2）。完整代码如下：

```
int w=800;
int h=600;
float[][] d = new float[h][w];
```

```
float[][] hd = new float[h][w];
void setup(){
    size(w, h);
}
void mousePressed(){
  d[mouseY][mouseX]=100;
}
void draw(){
  loadPixels();
  float[][] t= new float[h][w];
  for(int i=1; i< h-1; i++) {
      for(int j=1; j< w-1; j++) {
          t[i][j]= (d[i-1][j]+ d[i+1][j]+ d[i][j-1]+d[i][j+1])*0.5 -hd[i][j];
          t[i][j]*=0.999;
          pixels[i*w+j]= color(160*d[i][j]);
      }
  }
  updatePixels();
  hd=d;
  d=t;
}
```

该程序采用了鼠标事件方法，只要用鼠标单击窗口内的任意位置，该处的值 d[mouseY][mouseX]就会变成 100，从而在该处形成一个新的涟漪。

在虚实面交互的代码中，我们参照丹尼·史夫曼（Daniel Shiffman）的教程，加了一句代码“t[i][j]*=0.999;”，从而使波纹以一种非常缓慢的速度趋于平静。如果把代码变成“t[i][j]*=0.99”使衰减变快，那么所有波纹会很快消失。

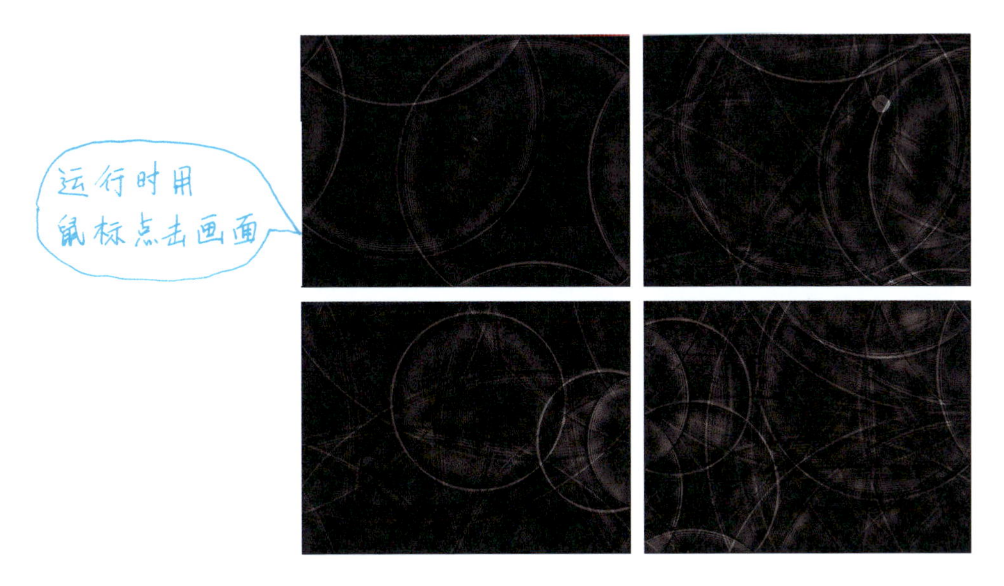

图 7-2　涟漪程序运行过程的截图

以上程序非常简短，但生成的波纹相当复杂。我们可以看到：①波纹遇到边界会反弹；②波与波之间有干涉效果（interference）。但为什么那几行简短的代码会创造这样复杂的行为，是一个很难完全解释清楚的现象。这个例子体现了生成艺术的一个痛点，也是有趣的一点：

完全理解了每行代码，但生成的结果依然令人费解。

或许这就是科学与艺术相遇的边界。在 7.3 节我们会继续遇到这样的例子。

练习题

如果你学过高等数学，把程序中与

d[i][j] = (d[i-1][j]+ d[i+1][j]+ d[i][j-1]+d[i][j+1])*0.5 -hd[i][j]

对应的微分方程写出来。

7.3 化学反应

7.2 节的涟漪效果来源于虚实面的交互，而本节将模拟两种液体之间的反应。世界上绝大部分化学反向是单向的（过程是不可逆的），如点燃氢气，氢气与氧气反应瞬间就变成了水。但我们很难把水分解成氢气和氧气，否则氢能源车一定会流行起来。但世界无奇不有，在 20 世纪五六十年代化学家发现了可以“双向”进行的化学反应，如丙二酸 $CH_2(COOH)_2$ 与溴酸钾 $KBrO_3$ 的反应。这种可逆的化学反应可以在培养皿中产生有趣的纹理，后来被人们称为“反应扩散系统”（Reaction-diffusion system）。

与涟漪程序中的虚实两面类似，我们要模拟的化学反应包括一种可见的液体 u 和一种不可见的液体 v。如果我们将程序窗口想象成培养皿中的一层液体薄膜，并将其划分成很细的网格，那么 u 与 v 相互反应的公式（代码）为：

```
float u = us[i][j];
float v = vs[i][j];
float newu=0.8*lap(us, i, j) - u*v*v + 0.99*u +0.015;
float newv=0.52*lap(vs, i, j) +u*v*v +0.935*v;
us[i][j] = constrain(newu, 0, 1);
vs[i][j]= constrain(newv, 0, 1);
```

其中，us 是 float 型的二维数组（见 7.1 节），用来表示物质 u 在整个平面中的分布。而“u=us[i][j];”则表示平面某处 u 的浓度。变量 newu 储存了当前化学反应后 u 的浓度。最后需要把这个新浓度的大小限制在 0～1 之间，因此用了 constrain()方法。

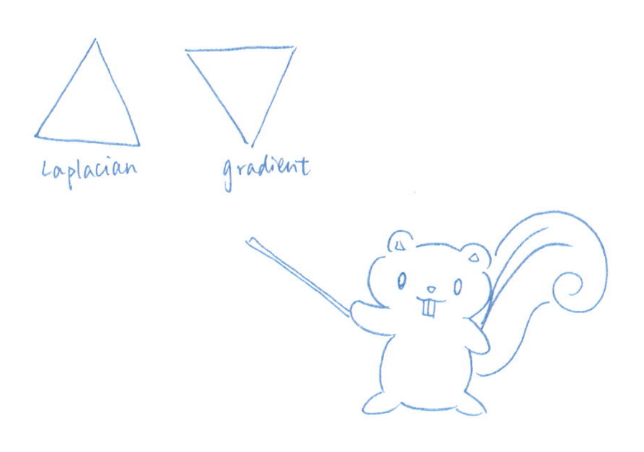

拉普拉斯是拿破仑赏识的科学家，他提出了黑洞的概念

最让人费解的代码是 lap(us, i, j)，它表示拉普拉斯算子（Laplacian）。在数学中，拉普拉斯算子是多个空间维度中二次导数的和。在液体薄膜的化学反应中，拉普拉斯算子表示浓度在每一点上聚集的程度。如果周围的浓度比点(i, j)的浓度高，那么 lap(us, i, j)的值就小（负值）；反之，lap(us, i, j)的值就大。在正交网格中，lap(us, i, j)的计算原理如下图所示。

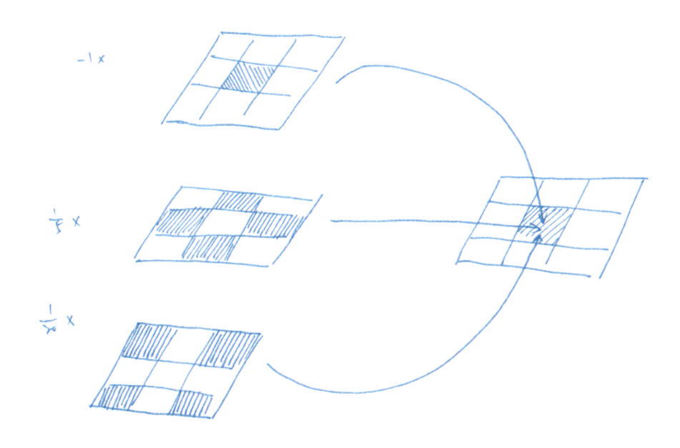

就是把该点的值乘以-1；上下左右的值相加再乘以 1/5；四个斜对角的值相加再乘以 1/20；最后把它们相加作为该点的（算子运算后获得的）值。需要注

意的是，拉普拉斯算子的输入是九个数字（九宫格），但只输出一个数字。对应的代码如下：

```
float lap(float[][] a, int i, int j) {
  float x= -a[i][j]+0.2*(a[i-1][j] + a[i+1][j] + a[i][j-1]+ a[i][j+1]);
  x+= 0.05*(a[i-1][j-1] + a[i-1][j+1] + a[i+1][j-1]+ a[i+1][j+1]);
  return x;
}
```

这是一个自定义的方法，可以在程序的任意位置来调用它，完整的代码见本书代码资料包中的 GA7_3_1，如图 7-3 所示。

```
int w=200;
int h=160;
float[][] us = new float[h][w];
float[][] vs = new float[h][w];
void setup() {
  size(3*w, 3*h);
  colorMode(HSB);
}
void draw() {
  noStroke();
  for (int i=1; i< h-1; i++) {
    for (int j=1; j< w-1; j++) {
      float u = us[i][j];
      float v = vs[i][j];
      float newu = 0.8*lap(us, i, j) - u*v*v + 0.99*u + 0.015;
      float newv = 0.52*lap(vs, i, j) +  u*v*v + 0.935*v;
      us[i][j] = constrain(newu, 0, 1);
      vs[i][j] = constrain(newv, 0, 1);
      fill( 200*us[i][j], 255, 255 );
      rect(j*3, i*3, 3, 3);
    }
  }
}
float lap(float[][] a, int i, int j) {
  float x=-a[i][j]+0.2*(a[i-1][j]+a[i+1][j]+a[i][j-1]+a[i][j+1]);
  x+=0.05*(a[i-1][j-1]+a[i-1][j+1]+a[i+1][j-1]+a[i+1][j+1]);
  return x;
}
void mousePressed() {
  for (int i=mouseY-30; i< mouseY+30; i++)
    for (int j=mouseX-30; j<mouseX+30; j++)
      vs[i/3][j/3]=1;
}
```

图 7-3　模拟两种液体 u、v 之间的转换

上述程序运行后，用鼠标单击窗口，单击处立即出现涟漪，动态的纹理随即出现，如图 7-4 所示。

我们模拟的反应扩散系统对数学公式中的参数非常敏感，如果将公式中的参数稍作改动，产生的图案就会截然不同，如下面这一组参数会产生如图 7-5 所示的效果。

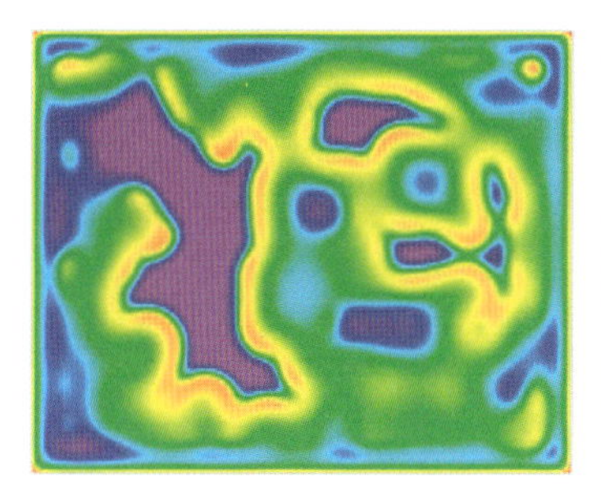
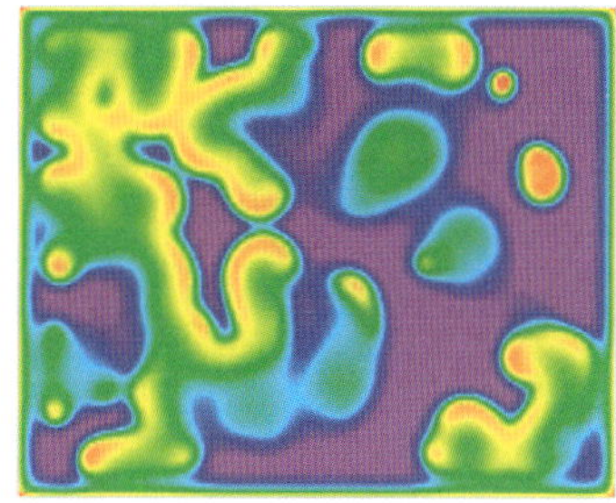

图 7-4　反应扩散系统（一）

```
float newu=   1.0*lap(us, i, j) - u*v*v +0.98*u + 0.021;
float newv=   0.19*lap(vs, i, j) + u*v*v +0.93*v;
```

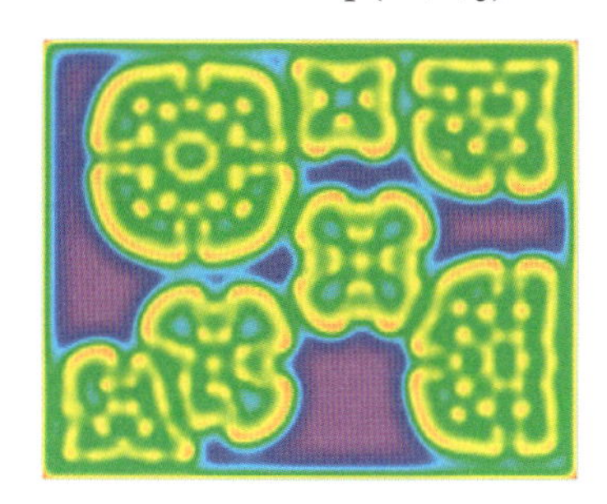

图 7-5　反应扩散系统（二）

最早用化学来诠释“生成形态”的人可能是艾伦·图灵（Alan Turing），他在 1952 年发表了一篇当年很少有人懂的论文《形态发生的化学基础》。如今，反应扩散系统可以用具体的数学模型和代码来模拟，生成复杂纹理。反应扩散系统还有一个特点，即每个平面点上的参数可以是相互独立的，我们可以在整个窗口内设置不同的参数。譬如，让参数从左至右、从上至下线性地变化，就可以生成如图 7-6 所示的复杂有机图案。

图 7-6　反应扩散系统产生的复杂有机图案

反应扩散系统与 7.3 节的涟漪程序有很多类似之处。首先，两者都由局部“死板”的数学公式来控制，但在整体上生成了不可预测的“自然”的复杂图像。其次，两者的（局部的）数学公式都与每个点周围的九宫格有关。最后，这两个程序都依赖于一虚一实的两个量之间的互动，而我们只需要观察其中一个量形成的图形。

7.4　生命游戏

50 多年前，英国数学家约翰 • 康威（John Conway）发明了震惊世界的“生命游戏”（Game of Life）——一种生活在二维网格中的虚拟生命。后来大家把这类神奇的系统称为“细胞自动机”（Cellular Automaton）。

大自然中的各种生命基本上都是由细胞（cell）构成的，而细胞由各种分子构成，分子又由原子构成。那么在计算机的 0、1 世界里，虚拟的生命似乎应该由 0 和 1 构成。约翰 • 康威的细胞自动机试图用简单的 0、1 数据来创造能够不断重生与消亡的“生命”，实现从最简单的元素到复杂生命现象的飞跃。

假设在二维网格中每个格子都有“活”与“死”两个状态，约翰 • 康威用非常简单的规则来激发一种难以预测的生死演化过程。在每帧中，每个格子（细胞）的八个邻居（九宫格除去中央的格子）中活细胞的个数将决定该细胞在下一帧的命运：

如果一个活细胞有 2～3 个活邻居，则下一帧存活，否则死亡。

如果一个死细胞有 3 个活邻居，则下一帧复活。

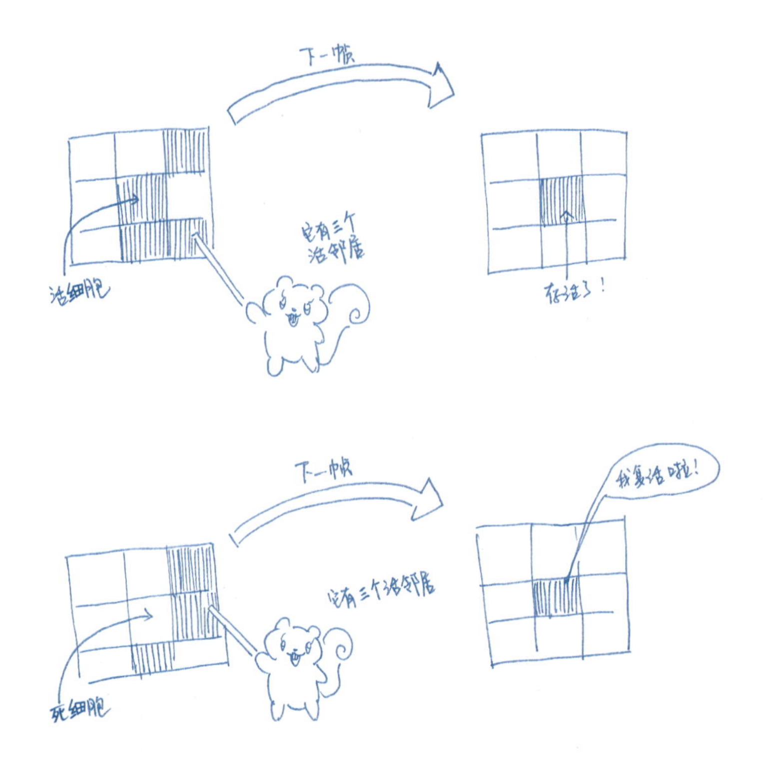

如果用整数 0 代表死、1 代表活，那么我们可以用一个二维的数组 int[][] d 来表示平面中所有格子的生死状态。下面的代码就可以用来统计八个邻居中活细胞的数目：

```
int count = d[i-1][j-1]+ d[i-1][j]+ d[i-1][j+1]+ d[i][j-1]+ d[i][j+1]+d[i+1][j-1]+ d[i+1][j]+ d[i+1][j+1];
```

决定每个格子命运的代码为：

```
c[i][j]=d[i][j];
if (0== d[i][j]) { //死格子
   if (3==count   )
      c[i][j]=1;   // 复活
} else {   //活格子
```

```
    if (1==count || 3<count )
      c[i][j]=0;   // 死亡
  }
```

完整的生命游戏代码（详见本书代码资料包中的 GA7_4_1）如图 7-7 所示。

```
int w=360;
int h=360;
int[][] d = new int[h][w];
void setup() {
  size(2*w, 2*h);
  int a=166;
  for (int i=a; i< h-a; i++)
    for (int j=a; j< w-a; j++)
      d[i][j]=1;
}
void draw() {
  background(255);
  noStroke();
  fill(0);
  int[][] c = new int[h][w];
  for (int i=1; i< h -1; i++) {
    for (int j=1; j< w -1; j++) {
      int count=d[i-1][j-1]+d[i-1][j]+d[i-1][j+1]+d[i][j-1]
      + d[i][j+1]+d[i+1][j-1]+d[i+1][j]+d[i+1][j+1];
      c[i][j]=d[i][j];
      if (0== d[i][j]) { //dead
        if (3==count    )
          c[i][j]=1;  // revive
      } else {  //live
        if (1==count || 3<count )
          c[i][j]=0;  // die
        rect(2*j, 2*i, 2,2);
      }
    }
  }
  d=c;
}
```

图 7-7　完整的生命游戏代码

生命游戏（规则 I ）运行过程中某两个时刻的截图（完整代码详见本书代码资料包中的 GA7_4_1）如图 7-8 所示。

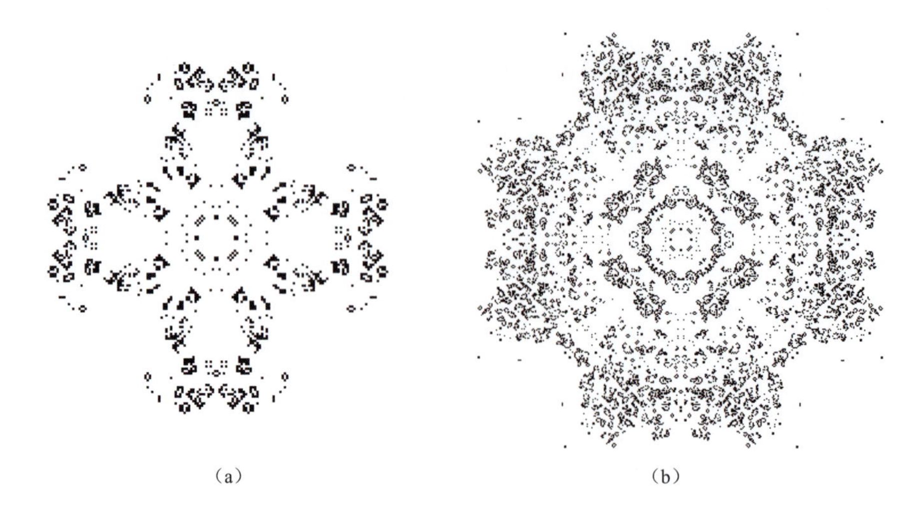

（a）　　　　　　（b）

图 7-8　生命游戏（规则 I）运行过程中某两个时刻的截图

如果在 setup()中设“int a=69;”在 draw()中设置生死规则为：

```
c[i][j]=d[i][j];
if (0== d[i][j] ) { //dead
   if (3==count   || 4==count     )
      c[i][j]=1;   // revive
} else {   //live
   if (1<count)
      c[i][j]=0;   // die
   rect(2*j, 2*i, 2, 2);
}
```

就会生成如图 7-9 所示的完全不一样的图案（完整代码详见本书代码资料包中的 GA7_4_2）。

“生命游戏”好玩的地方在于，我们可以任意尝试各种生死规则，期待程序生成意想不到的动图。制定规则的基本思路是：不能让细胞过分扩张，否则整个屏幕很快会被活细胞填满；也不能让细胞过快死亡，否则整个屏幕将变成一片空白。

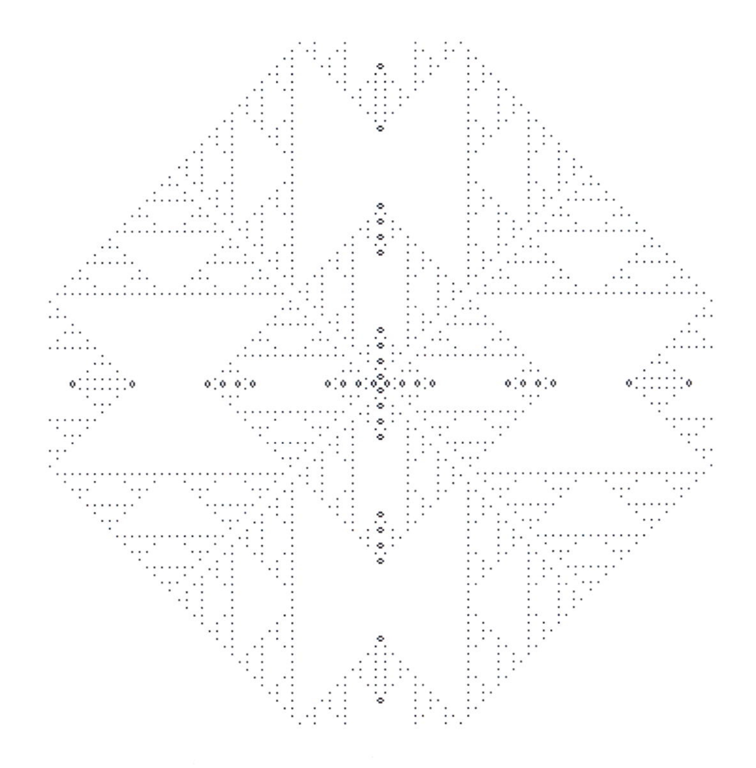

图 7-9　生命游戏（规则 Ⅱ ）运行过程截图

另外一个重要因素是初始化，即在一开始决定哪些细胞是活的。本节的例子都是在屏幕中央设一块充满活细胞的矩形。

最后我们再来尝试另一种新的规则，设“int a=0;”生死转换的规则为：

```
c[i][j]=d[i][j];
if (0== d[i][j] ) { //dead
   if (3==count || 6==count || 7==count    )
      c[i][j]=1;   // revive
} else {    //live
   if (3>count || 5==count)
      c[i][j]=0;   // die
   rect(2*j, 2*i, 2, 2);
}
```

就会生成如图 7-10 所示的复杂图案，完整代码详见本书代码资料包中的 GA7_4_3。

（a）

图 7-10　生命游戏（规则 Ⅲ）运行过程截图

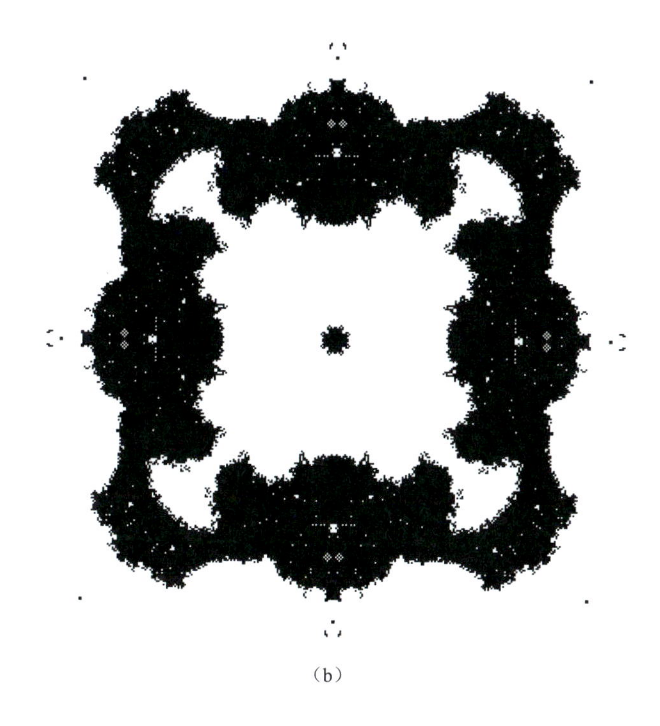

（b）

图 7-10　生命游戏（规则Ⅲ）运行过程截图（续）

“生命游戏”是变化多端的，生死规则的不同、初始化的不同都会导致不一样的演化过程。除正交网格之外，在三角形、蜂窝状的网格上也能运行细胞自动机。不仅如此，细胞自动机还可以运行在一维网格（每个细胞只有左右两个邻居）和三维网格上，读者可以自行试验。

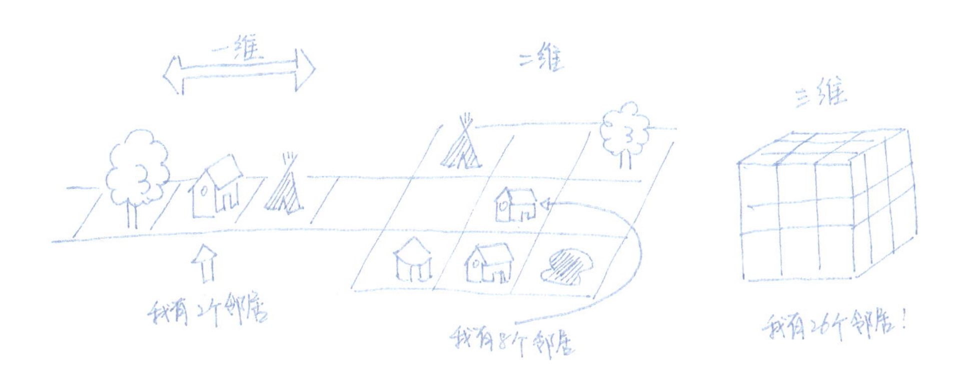

迭代分形

8.1 递归

我们在 4.2 节了解了自定义方法（method），这次我们要尝试一种神奇的“自己‘呼唤’自己”的方法，这种特殊情况称为递归（recursion）。具体来说，就是在定义方法时调用自己，譬如：

```
void mul(int a){
    print(a," ");
    if(a<1000)
      mul(a*2);
}
```

如此定义方法看上去很奇怪，自己还没定义结束呢，就要调用自己了。但 Processing（或者说 Java）确实允许我们这样做。下面的代码是在 setup()中调用这个方法：

```
void setup(){
    mul(3);
}
```

输出结果为：

3 6 12 24 48 96 192 384 768 1536

需要提醒的是，递归方法需要一个让递归继续下去的条件，否则就会导致死循环。在上面这个方法中，a<1000 就是继续的条件，当 a >1000 时递归就停止了。

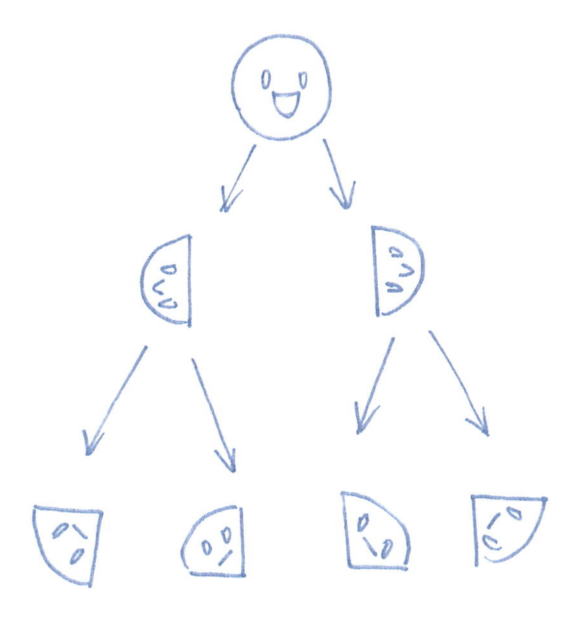

该递归是“1 拖 1”的情况，而递归也可以是“1 拖 2”或“1 拖多”的情况。譬如，下面这个代码就是在内部两次调用自己：

```
void divide(int a){
   print(a, "");
   if(0!=a && 0==a%3){
       divide(a*2/3);
       divide(a/3);
   }
}
```

它把一个输入的数字 a 分成两份：一份为 2/3，另一份为 1/3。譬如，数字 12 就会被拆分成 8 和 4。这个递归过程的继续条件有两个：①a 不等于零；②a 可以被 3 整除。运行以下代码：

```
void setup(){
    divide(6);
}
```

就会打印 6、4、2 三个数字。其中，4 和 2 不能再细分，因此递归停止。运行“divide(18);”就会生成“18 12 8 4 6 4 2”这一串数字。运行“divide(81);”就会生成“81 54 36 24 16 8 12 8 4 18 12 8 4 6 4 2 27 18 12 8 4 6 4 2 9 6 4 2 3 2 1”。

下面我们用递归的方式来模拟树枝分叉，一根枝条一分为二，其中每根枝条再一分为二，如下图所示。

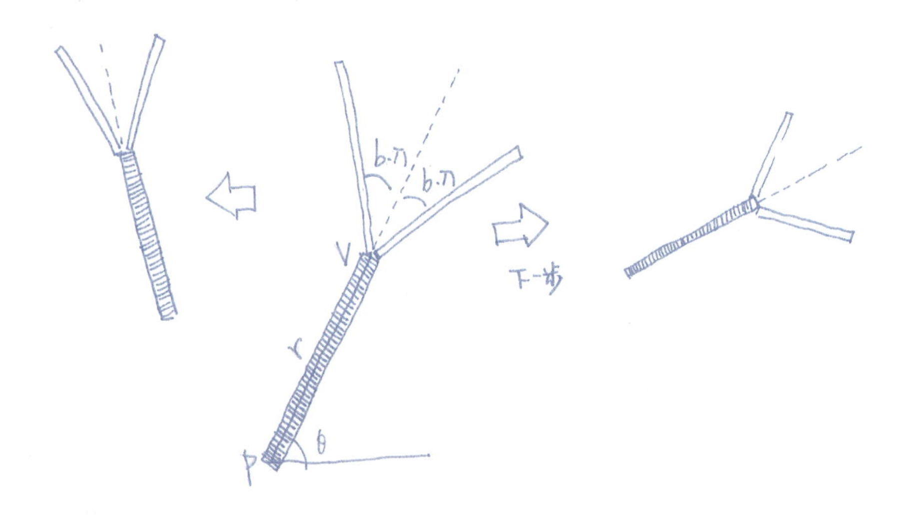

如果当前枝条的倾角为 θ，分叉的两根枝条的倾角为 $\theta-b\pi$ 和 $\theta+b\pi$。此外，分叉出去的枝条长度也会依次按比例递减。写成如下代码：

```
void branch(PVector p, float r, float theta, int age) {
  if (0>age)
    return;
  PVector v= new PVector(r*cos(theta), r*sin(theta));
  v.add(p);
  line(p.x, p.y, v.x, v.y);
  line(w-p.x, p.y, w-v.x, v.y);
  branch(v, a*r, theta + b*PI, age-1);
  branch(v, a*r, theta - b*PI, age-1);
}
```

该方法的四个参数分别为：枝条的起点 p（关于 Pvector 的知识可参见第 5 章）；长度 r；倾角及年龄 age。该方法用参数 age 来控制递归的深度，其中

```
if (0>age)
  return;
```

为终止语句。其中，return 关键字直接终止当前 branch()方法的运行。需要注意的是，在 branch()内部调用 branch()的时候，需要用 age-1 指定下一代的年龄（比上一代减 1）。绘图命令“line(p.x, p.y, v.x, v.y);”画了一根线段，代表当前的枝条；而“line(w-p.x, p.y, w-v.x, v.y);”绘制了一根与之水平对称的线段，完整的程序如图 8-1 所示。

```
int w=1000;
int h=800;
float a=0.5;
float b=0.3;
void setup() {
  size(w, h);
}
void draw() {
  background(255);
  branch(new PVector(w/2, h/2), 160, 0, 9);
}
void branch(PVector p, float r, float theta, int age) {
  if (0>age)
    return;
  PVector v= new PVector(r*cos(theta), r*sin(theta));
  v.add(p);
  line(p.x, p.y, v.x, v.y);
  line(w-p.x, p.y, w-v.x, v.y);
  branch(v, a*r, theta + b*PI, age-1 );
  branch(v, a*r, theta - b*PI, age-1);
}
void mouseMoved() {
  a = map(mouseX, 0, w, 0.4, 0.8);
  b = map(mouseY, 0, h, 0, 1);
}
```

图 8-1　用 branch 递归方法生成树状图案的代码

鼠标可以控制分叉的角度和长度参数，生成如图 8-2 所示的对称树形。

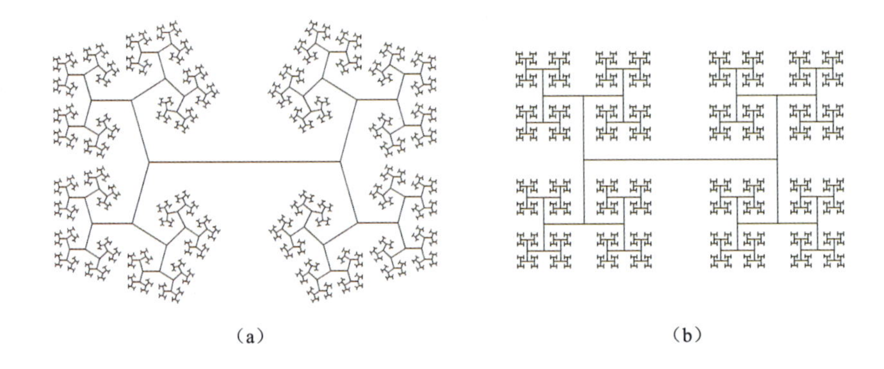

（a）　　（b）

图 8-2　递归方法生成的两种树状图案（参数不同）

也可以产生如图 8-3 所示的多种奇异形状。

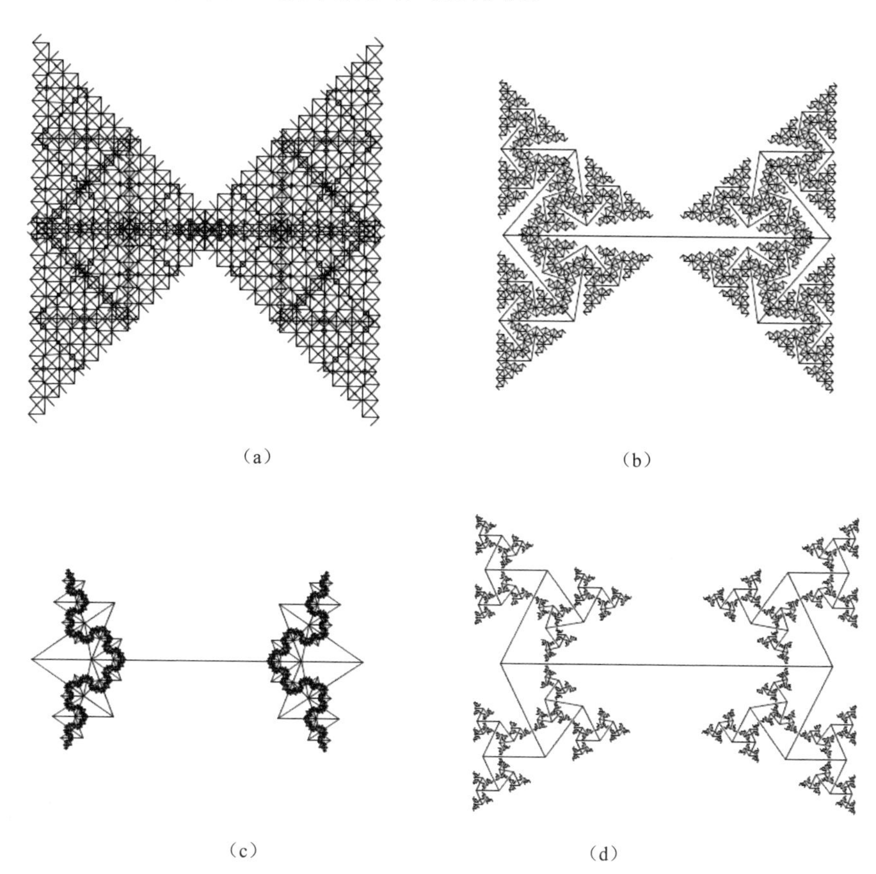

图 8-3　不同参数设定产生的更多图案

这个例子很好地诠释了“参数变化导致形状变化”。我们在构思一个程序时，往往不是设计一个特定的形状，而是思考一系列相互关联且可以连续变化的形状。而变量、自定义方法可以很好地帮助我们实现图形的变化。

练习题

本节的程序在绘制枝条时，线宽都是默认值 1。尝试让线宽 strokeWeight() 与参数 age 相关联，从而形成“老枝条粗、新枝条细”的效果。

8.2 多重画布

世界上很多事物都具有自相似性，如地球绕着太阳转，而月亮又绕着地球转。树也具有明显的自相似性，8.1 节介绍的递归方法可以很自然地生成自相似的结构。实际上，抽象的数字也具有自相似性，如著名的斐波那契数列（Fibonacci sequence），即下一个数字等于前两个数之和，该数列从 0、1 这两个数字开始。用递归来实现该数列，程序如下：

```
void setup() {
  println("golden", 0.5*(sqrt(5)+1));
  add(0, 1);
}
void add(int a, int b) {
  println(a, "/", b, "=", (float)a/b);
  if (b<100)
    add(b, a+b);
}
```

```
golden    1.618034
0 / 1 = 0.0
1 / 1 = 1.0
1 / 2 = 0.5
2 / 3 = 0.6666667
3 / 5 = 0.6
5 / 8 = 0.625
8 / 13 = 0.61538464
13 / 21 = 0.61904764
21 / 34 = 0.61764705
34 / 55 = 0.6181818
55 / 89 = 0.6179775
89 / 144 = 0.6180556
```

不难发现，相邻两个数字的比例慢慢趋近于黄金分割比例。

下面这个例子将把递归和画布结合起来。Processing 中的 pushMatrix()与 popMatrix()会临时创建一个虚拟画布，如下图所示。

上图中 rotate()命令后面的绘图都在旋转过后的画布上。然而，pushMatrix()之前、popMatrix()之后的绘图是不受影响的。因此，pushMatrix()与 popMatrix()的主要作用就是把旋转、平移、缩放等画布操作限制在代码的某个局部，这样就有可能在同一个程序中创建多个互不干涉的画布。

当多个旋转、平移、缩放命令在代码中先后出现时，通常包裹在 pushMatrix()、popMatrix()之内，其效果是从下向上依次实现的（与直观相反），如下图所示。

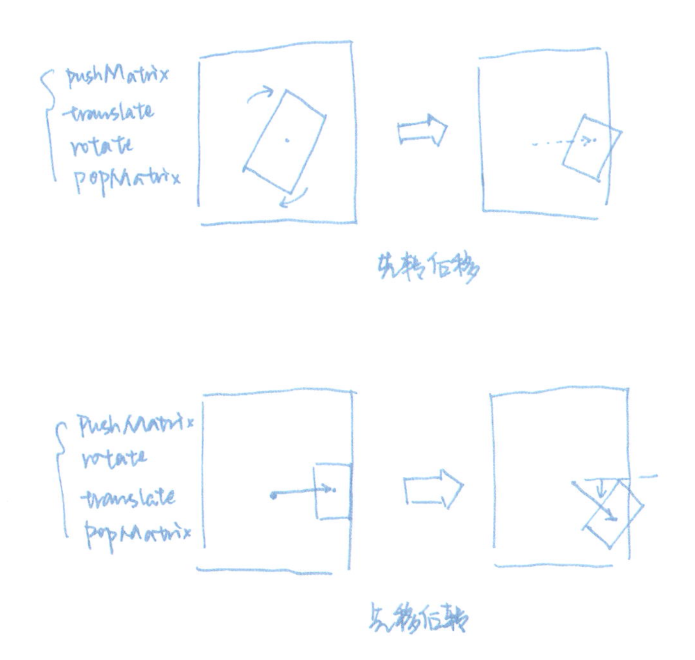

换句话说，旋转、平移等画布操作命令的先后顺序不同，则效果不同。下面的程序是“一拖三”画方块的递归方法：

```
void square(float x, float y, float w, int age){
  if (0>age)
    return;
  fill(age*20, 255, 255, 255-age*25);
  pushMatrix();
  translate(x, y);
  rect(0, 0, w, w);
  rotate(theta*PI);
  square(-w/2, w/2, w*s, age-1);
  square(w/2, -w/2, w*s, age-1);
```

```
    square(w/ 2, w/2, w*s, age-1);
    popMatrix();
  }
```

它先把当前的画布平移到(x, y)位置画方块，而内部的三次 square()调用将在一块先旋转 theta*PI 后平移(x, y)的画布上进行。

运行下列主程序（详见本书代码资料包中的 GA8_2_2）：

```
float theta=0.1;
float s=0.5;
void setup() {
  size(1000, 800);
  rectMode(CENTER);
  colorMode(HSB);
}
void draw() {
  background(255);
  noStroke();
  square(500, 400, 256, 1);
}
```

我们能看到三个红色的方块整体被旋转了，如图 8-4（a）所示，可以想象它们在一块旋转过后的透明画布上。如果把迭代深度增加，即“square(500, 400, 256, 2);”，就会得到如图 8-4（b）所示的图案，其中三个红方块和橙色方块一组，该组的形状等同于三个橙色方块和中间黄色方块构成的形状（体现出自相似性）。整个图中有四个旋转过的画布：一个画布在黄色方块中间（旋转了 theta*PI），三个画布分别在橙色方块中间（在原来基础上又旋转了 theta*PI）。

（a）两种颜色的方块绘制在两层画布上

（b）三种颜色的方块绘制在三层画布上

图 8-4　“一拖三”画方块的递归方法（详见本书代码资料包中的 GA8_2_2）

下面我们把递归的深度增加到 8，程序如图 8-5 所示，详见本书代码资料包中的 GA8_2_3）。

```
float theta=0.37;
float s=0.52;
void setup() {
  size(1000, 800);
  rectMode(CENTER);
  colorMode(HSB);
}
void draw() {
  background(255);
  noStroke();
  square(500, 400, 256, 8);
}
void square(float x,float y,float w,int age){
  if (0>age)
    return;
  fill(age*20, 255, 255, 255-age*25);
  pushMatrix();
  translate(x, y);
  rect(0, 0, w, w);
  rotate(theta*PI);
  square(-w/2, w/2, w*s, age-1);
  square(w/2, -w/2, w*s, age-1);
  square(w/ 2, w/2, w*s, age-1);
  popMatrix();
}
```

图 8-5　square 递归方法的完整代码

运行图 8-5 所示程序，就生成了如图 8-6 所示的分形图案。

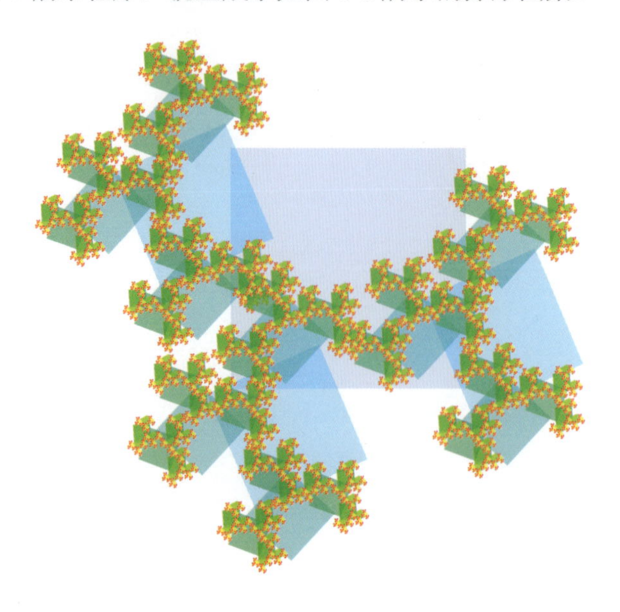

图 8-6　递归方块构成的分形图案（theta=0.37、s=0.52）

中间方块的年龄最大为 8，末端红色方块的年龄最小为 0。这个图形对参数也很敏感，当参数为 theta=0、s=0.5 时，图形如图 8-7 所示。

图 8-7　递归方块分形图案（theta=0、s=0.5）

当参数为 theta=0.5、s=0.5 时，图形如图 8-8 所示。

图 8-8　递归方块分形图案（theta=0.5、s=0.5）

递归的反复循环造成了画布的多重叠加，可以产生繁复的图形。这个过程有点像反复使用复印机，如把一个印刷在透明 A2 纸上的图形缩小复印在两张透明 A3 纸上，再将每张 A3 纸上的图形再缩小复印在两张 A4 纸上……

8.3 悲情朱利亚

递归（recursion）是一种非常特殊的迭代方式。普通的迭代方式包括 for 循环、while 语句、do-while 结构等。其实递归可以改写成普通的迭代，如 8.2 节的斐波那契数列的代码，就很容易用 while 语句来写：

```
int a=0;
int b=1;
while (a<100) {
  println(a, "/", b, "=", (float)a/b);
  int sum=a+b;
  a=b;
  b=sum;
}
```

其中，a<100 是该循环继续运行的条件。因此，当 a>100 时，该循环就终止了。

把“一拖二”或“一拖多”的递归改写成一般迭代，就稍微有点复杂了。譬如，我们把 8.1 节中的 divide 递归（详见本书代码资料包中的 GA8_1_1）改

写成 do-while 的形式，代码如下：

```
ArrayList<Integer> list=new   ArrayList();
list.add(9);
do {
   ArrayList<Integer> tmp=new   ArrayList();
   for (int a : list) {
      print(a, "");
      if (0!=a && 0==a%3) {
         tmp.add(a*2/3);
         tmp.add(a/3);
      }
   }
   list=tmp;
   println("end");
}
while (list.size ()>0);
```

第一轮循环把数字 9 拆分成 6 和 3，而 tmp 列表保存了 6 和 3 两个数字。

第二轮循环把 6 分成 4 和 2，把 3 分成 3 和 1；而 tmp 列表保存了 4、2、2、1 这四个数字。

第三轮循环遇到的 4、2、2、1 这四个数字，都不满足 0!=a && 0==a%3 条件，因此 list.size()>0 条件不成立，所以循环终止了。

while 语句与 do-while 语句稍有区别：while 语句在每次循环中先判断（是否满足执行条件）后执行（花括号内的代码），而 do-while 语句先执行再判断是否进行下一轮循环。

从 8.1 节和 8.2 节可以看出，递归可以很方便地生成自相似（self-similar）的图形。实际上，同一段代码的反复运行就可以自然地对应于几何形状的自相似性。而本节将用普通的 for 循环来生成一种奇妙的自相似图形——复数分形。

复数分形的想法最早出现在一位法国数学家的脑海中。朱利亚（Gaston Julia）在年轻时卷入了第一次世界大战，甚至不幸地失去了自己的鼻子，但在战争结束时他发明了一种神秘的运算，代码如下：

```
z=z*z+c
```

即在变量 z 的平方上加上常数 c，再把得到的值赋给 z。这里 z 和 c 都是复数（complex number），我们可以把复数想象成平面中的一个点（与二维向量相似），一般形式为 $z=x+yi$。式中，x 称为实部；y 称为虚部；i 表示虚数单位。

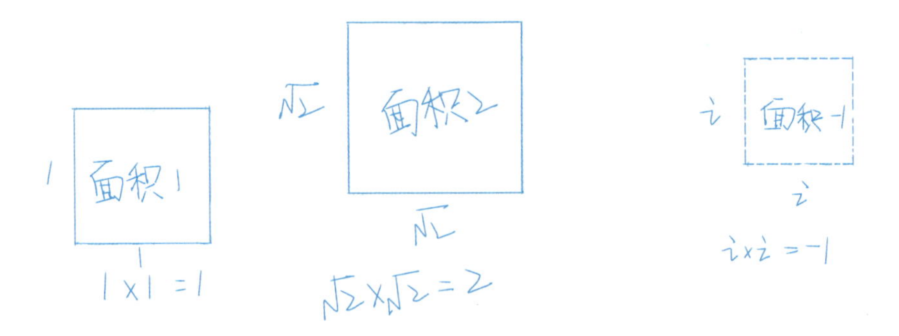

运用勾股定理，计算出复数 $x+yi$ 的长度为：

$$\sqrt{x^2+y^2}$$

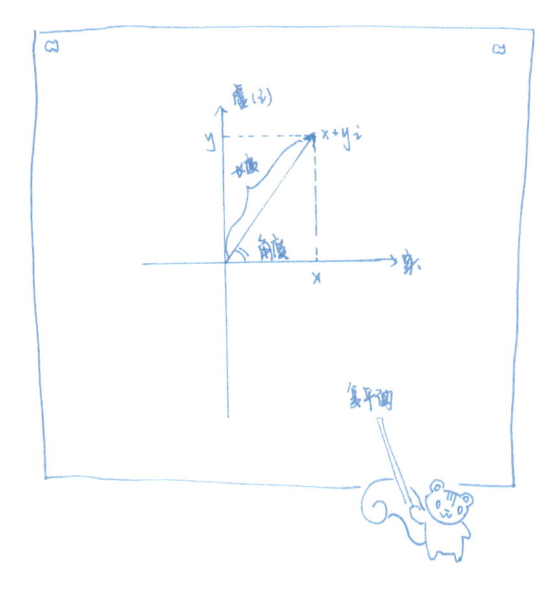

两个复数相加的运算十分简单，把它们的实部与虚部分别相加即可。而两个复数的乘法比较特殊，假设有复数 $A=x+yi$、$B=a+bi$，那么它们的积 AB 可以用如下方法计算：

$$(x+yi)\times(a+\mathrm{b}i) = ax + ayi+bxi+byii = ax-by+ (ay+bx)i$$

这里用到了“$i^2=-1$”这个等式。有趣的是，这个乘法可以用下图来解释：AB 的角度等于 A 和 B 的角度之和，而 AB 的长度是 A 和 B 的长度之积。

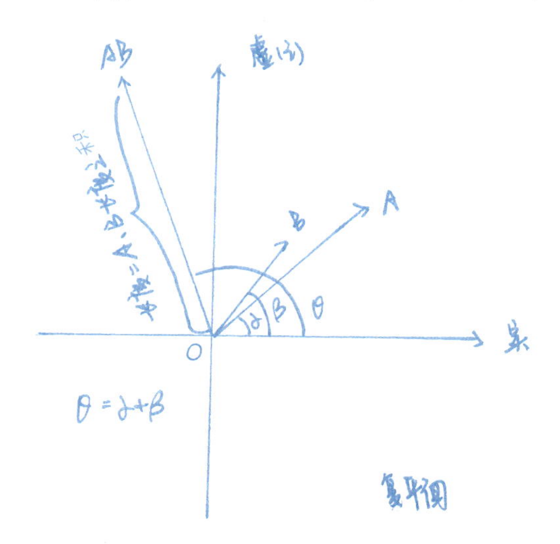

假设有两个复数 $z=x+yi$ 和 $c=-0.6+0.4i$，那么朱利亚的“$\dot{z}$=z*z+c”算法在 Processing 中可以用以下代码实现：

```
float nx = x*x-y*y-0.6;
float ny = 2*x*y+0.4;
```

需要输入的两个复数为 $z=x+yi$ 和 $c=-0.6+0.4i$，运算后得到新的复数为 $z=nx+nyi$。在 4.2 节处理屏幕像素时，我们曾经用 colorAt ()方法为每个像素填色。现在我们把朱利亚的这种复数运算写到 colorAt ()方法中，代码详见本书代码资料包中的 GA8_3_2，如图 8-9 所示。

```
int w=900;
int h=700;
void setup() {
  size(w, h); //size(900,700)
  colorMode(HSB);
}
void draw() {
  loadPixels();
  for (int i=0; i<h; i++)
    for (int j=0; j<w; j++)
      pixels[i*w + j]= colorAt(i, j);
  updatePixels();
}
color colorAt(int i, int j) {
  float x= 2*(j-w*0.5)/h;
  float y= 2*(i-h*0.5)/h;
  for (int n = 0; n < 7; n++) {
    float nx = x * x-y * y - 0.6;
    float ny = 2 * x * y + 0.4;
    x = nx;
    y = ny;
  }
  float v=x*x+y*y;
  if (150*v>255)
    return color(255);
  else
    return color(150*v, 255, 255);
}
```

图 8-9　创建朱利亚集合的完整代码

colorAt()方法中的 for 循环把 z=z*z+c 反复运行了 7 次，然后计算复数 z 的长度的平方（$x \times x+y \times y$），最后用 color(150*v, 255, 255)来确定像素的颜色。如果值太大（超过 255）就把白色赋给像素 color(255)。

程序运行的结果如图 8-10 所示，该类图像被称为朱利亚集合（Julia set）。可惜的是，朱利亚那个年代还没有计算机，而手算这样复杂的图像几乎不可能，该图形一直到 1978 年才第一次在计算机上绘制出来。

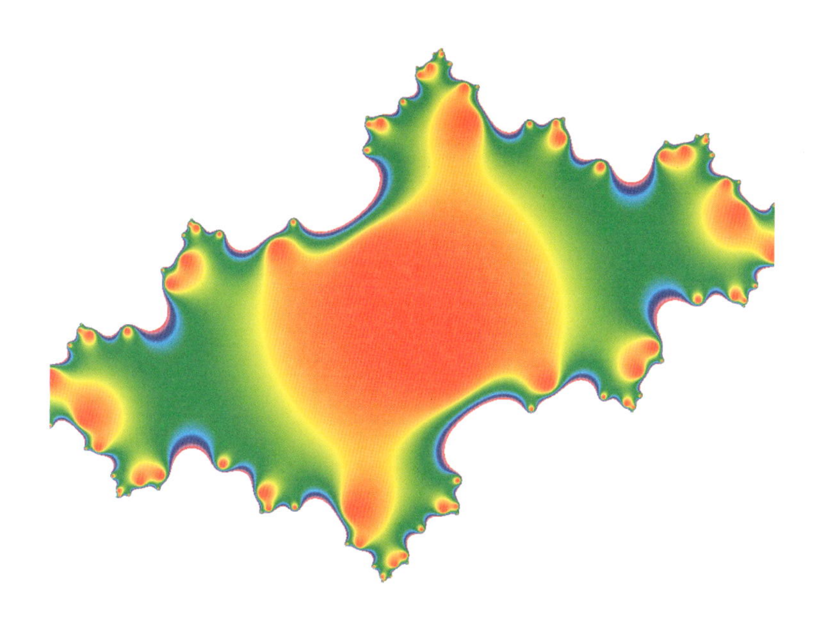

图 8-10　朱利亚集合的彩色显示

之前的程序采用了一个固定的 c 值，我们可以用鼠标的实时位置来产生一个不断变化的 c（复数形式为 $a+bi$），代码如图 8-11 所示，这样就能生成动态的朱利亚图像了。

程序最后一句“return 150*v>255 ? color(255):color(150*v, 255, 255);”是 if-else 语句的一种简化写法，它等价于以下代码：

```
if (150*v>255)
   return color(255);
else
   return color(150*v, 255, 255);
```

```
int w=900;
int h=700;
void setup() {
  size(w, h); //size(900,700)
  colorMode(HSB);
}
void draw() {
  float a = map(mouseX, 0, h, -1, 1);
  float b = map(mouseY, 0, h, -1, 1);
  loadPixels();
  for (int i=0; i<h; i++)
    for (int j=0; j<w; j++)
      pixels[i*w + j]= colorAt(i, j, a, b);
  updatePixels();
}
color colorAt(int i, int j, float a, float b) {
  float x= 2.4*(j-w*0.5)/h;
  float y= 2.4*(i-h*0.5)/h;
  for (int n = 0; n < 7; n++) {
    float nx = x * x-y * y + a;
    float ny = 2 * x * y + +b;
    x = nx;
    y = ny;
  }
  float v=x*x+y*y;
  return 150*v>255?color(255):color(150*v, 255, 255);
}
```

图 8-11　用鼠标位置来控制朱利亚集合的参数

利用类似的语法，将最后一句改写成“return color(x*y<0?255:0);”，这样就能生成如图 8-12 所示的黑白图形了。

图 8-12　不同参数设定下的黑白朱利亚集合图像

在没有计算机的年代，像朱利亚这样的天才数学家也无法清晰地展现复数分形的全貌。到了 20 世纪七八十年代计算机逐渐普及的时候，用代码来编写这样的图形依然很困难；但有了 Processing 一切都变得简单快捷了。

反侵权盗版声明

举报电话：（010）88254396；（010）88258888

传　　真：（010）88254397

E-mail：　dbqq@phei.com.cn

通信地址：北京市万寿路 173 信箱

电子工业出版社总编办公室

邮　　编：100036

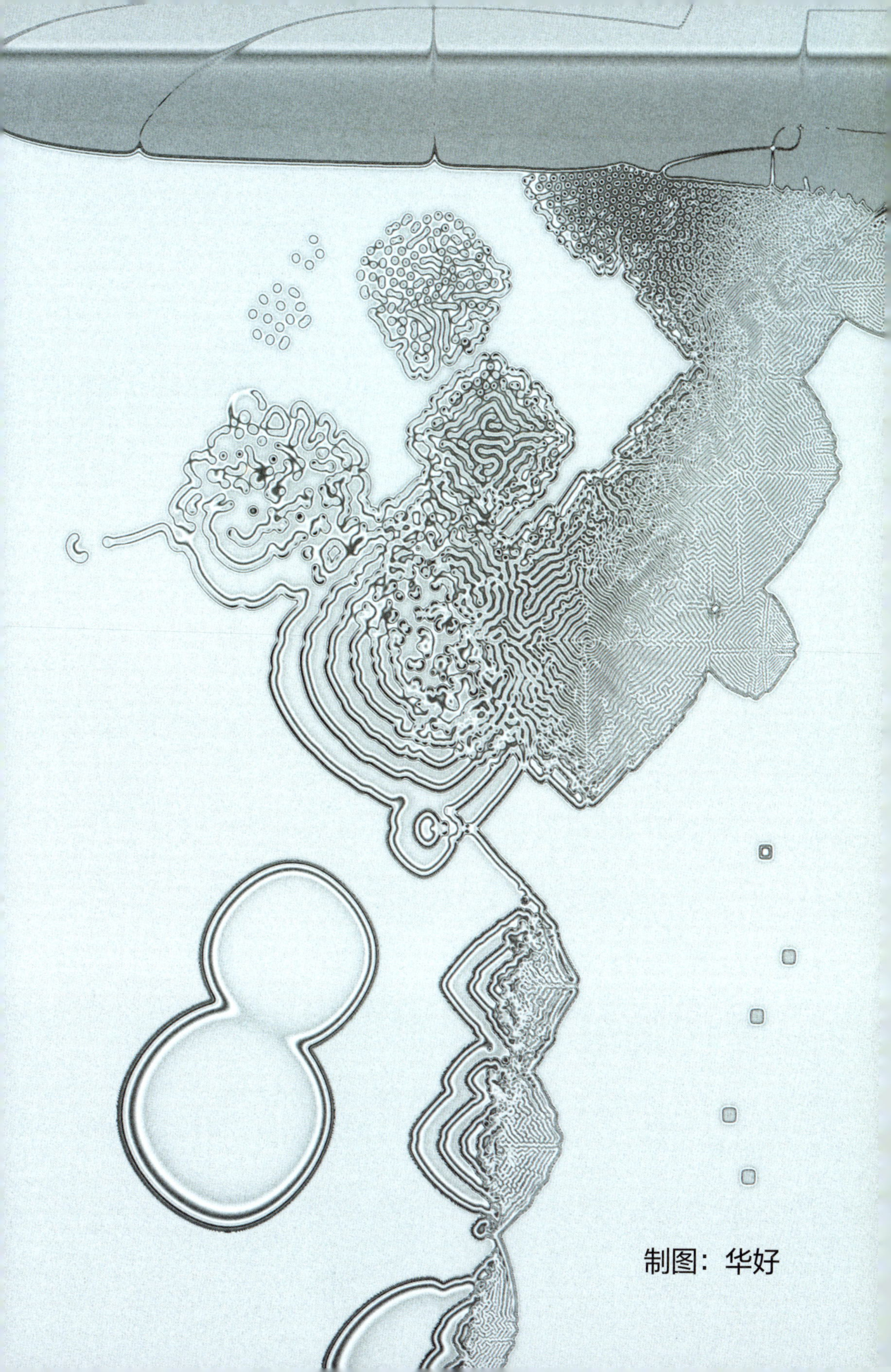

制图：华好

制图：刘宇飞

制图：刘宇飞

制图：刘宇飞

制图：华好

制图：刘宇飞